当代少年儿童　小四库全书

颜氏家训

〔北齐〕颜之推 ◇ 著

选注

董恬 ◇ 选注

晨光出版社

图书在版编目（CIP）数据

颜氏家训 / (北齐) 颜之推著；董恬选注. —— 昆明：
晨光出版社, 2024.6
（当代少年儿童小四库全书）
ISBN 978-7-5715-1634-5

Ⅰ.①颜… Ⅱ.①颜…②董… Ⅲ.①《颜氏家训》
–少儿读物 Ⅳ.①B823.1-49

中国版本图书馆CIP数据核字(2022)第168882号

当代少年儿童 **小四库全书**

颜氏家训 选注

YANSHI JIAXUN

〔北齐〕颜之推◇著　　董恬◇选注

出 版 人	杨旭恒	排　　版	云南安书文化传播有限公司
		印　　装	云南出版印刷集团有限责任公司 华印分公司
策　　划	杨旭恒		
责任编辑	魏　宾　白　帅	经　　销	各地新华书店
装帧设计	唐　剑	版　　次	2024年6月第1版
责任校对	杨小彤	印　　次	2024年6月第1次印刷
责任印制	廖颖坤	书　　号	ISBN 978-7-5715-1634-5
出版发行	晨光出版社	开　　本	127mm×185mm　32开
邮　　编	650034	印　　张	8.25
地　　址	昆明市环城西路609号新闻出版大楼	字　　数	130千
电　　话	0871-64186745（发行部）	定　　价	39.80元

晨光图书专营店：http://cgts.tmall.com

目录

总序

　　"小四库"丛书的选题是十年前我与杨旭恒社长共同策划的，经过多年酝酿与准备，进行了调研论证，并征求了不少学者专家的意见，得到了作者们的大力支持，现在陆续成书出版。

　　"小四库"是一套比较全面、系统的传统文化典籍入门读本，是一套能让孩子津津有味地自学，同时又不降低国学经典的品格，让孩子树立对传统文化的敬仰与热爱的知识性读本。

　　要打好传统文化的底子，童子功很重要。让孩子从小养成诵读国学经典的习惯，增加中小学生经典名著课外阅读，已经成为全社会的共识。

　　"小四库"对传统文化经典名著加以有针对性的精选与注释、评析、导读，在传统文化国学经典领域基本涵盖了教育部指定书目范围，目标定位是引导孩子从小接触到原汁原味的中华传统文化母乳，帮助孩子打好学问基础，培养对传统文化的兴趣，对国学经典有初步的认识与了解，强化补充中小学课外文史类书籍阅读，大幅度提升古文以及语文、历史等科目的阅读能力，开拓知识面。

明代陆世仪为5岁至15岁的学生制定"十年诵读"的阅读书目。在今天的社会环境里，"十年诵读"应略加调整为8岁至18岁。"小四库"读者目标主体是小学至高中的青少年，这是诵读国学经典最理想的年龄段，也是学生在精神上生长发育的关键时期。

限于国学经典大部分不宜或无法对内容作低幼化处理，"小四库"主要通过精选、注释、评析、导读，使经典著作相对简化、通俗化，具有相对的易读与可读性，在小学阶段提倡家长伴读，在初中、高中期间逐步导入独立阅读。"小四库"不仅有益于小读者提高语文、历史等功课的成绩，还能奠定扎实的文史功底，构筑中国传统文化基础，让小读者受益终身。

"小四库"书目基本取材于《四库全书》，但不限于《四库全书》范围，因为乾隆时代以后又有了不少经典著作，如王国维的《人间词话》。在作者年代上大致是从古代至清末民国，所选著作均以文言撰写，所选书目均是史有定论的经典，同时内容又适合中小学生阅读。丛书文本借鉴集纳采用各家整理校注成果，参考通行的权威选本、注本进行编辑选择加工，一般不作新的探讨论证。

这套丛书与已有的各种古典名著全译、选译、导读丛书相比，在篇幅上体量更轻，更便于课外阅读，使孩子容易得到成就感从而喜爱阅读，养成阅读习惯，从小博览群书。通过"小四库"为孩子长大以后阅读原著做好铺垫，让小读者达到尝鼎一脔的效果。

希望"小四库"能成为孩子入学的礼品书，成为陪伴孩子读完小学、初中、高中的一套大书。让孩子按照自己的兴趣随意选择，循序渐进，通过阅读或浏览"小四库"对中国古代文化典籍有较全面的初步了解，通过试读、选读萌生深入阅读的兴趣，引导孩子学会自己找书读，在成年后进而追根求源阅读经典原著。对绝大多数不从事国学专业研究工作的读者来说，读了"小四库"，即使以后不再去读经典原著，也基本上能掌握中国传统文化的精华。

2023 年 1 月 17 日北京

导言

《左传·襄公二十四年》记载了叔孙豹一段关于"三不朽"的名言："太上有立德，其次有立功，其次有立言。虽久不废，此之谓不朽。"虽然在叔孙豹眼中，立言仅为末务，似乎远不如立德、立功重要，但对于生逢乱世的绝大多数人来说，立德、立功何其不易！因此，古人往往于言特重，作为言语思想的载体，文章的重要性便可见一斑，故魏文帝曹丕著《典论·论文》，称："盖文章，经国之大业，不朽之盛事。年寿有时而尽，荣乐止乎其身，二者必至之常期，未若文章之无穷。"

《颜氏家训》的作者颜之推历仕四朝，一生沉浮宦海，播越流离，三为亡国之人。生长在这样的社会历史之中，颜之推不能不对立言的重要性有着清醒的认识，兼之魏晋南北朝时期门阀制度特盛，士大夫之间尤其注重家风的传承，《颜氏家训》的成书似乎成为了历史的必然。对颜之推来说，这本《颜氏家训》不仅是对自己人生履历、思想精神的记录，更是一本帮助颜氏子孙立身行己的指导手册。正如《序致》篇中所说："留此二十篇，以为汝曹后车耳。"这部书中处处体现出颜之推对子孙耳提面命的教诲。他的苦心是否成功其实很难评判，颜氏后人频出孝子忠臣：之推三子均遵从父辈教诫，潜心经典，埋首儒经；其孙颜师古更为一代儒宗，所作《汉书注》流传至今，为治《汉书》诸家不可忽略的圭臬之作；七世孙颜真卿不仅风雅逸群，以楷书见称于世，还参与平定安史之乱的战役，抗敌有方，行事守节，为一朝之忠臣，数代之楷模。然而，颜之推保全性命于乱世的处世哲学，并没有为子孙所继承。他在《观我生赋》中对自己积极入仕的人生选择进行了质疑："夫有过而自讼，始发蒙于天真。远绝圣而弃智，妄锁义以羁仁。举世溺而欲拯，王道郁以求申。既衔石以填海，终荷戟以入秦。亡寿陵之故步，临大行以逡巡。向使潜于草茅之下，甘为畎亩之人。无读书而学剑，莫抵掌以膏身。委明珠而乐贱，辞白璧以安贫。尧舜不能荣其素朴，桀纣无以污其清尘。此穷何由而至，兹辱安所自臻。而今而后，不敢怨天而泣麟也。"又于《颜氏家训》中强调："父兄不可常依，乡国不可常保，一旦流离，无人庇荫，当自求诸身耳。"希望子孙辈可以做到无论荣辱明哲保身，但是他的次子颜愍楚却因与朱粲周旋而被吃，父亲的谆谆教诲并没能使他在世乱时危的年代中找到安身立命的不二法门。

今人阅读《颜氏家训》，不能仅从唯结果论的角度看待这本书的意义与价值，而要回溯颜之推的苦心，看他历经朝代更迭、在历史的洪流中挣扎求生后总结出的人生哲学；看他漂泊南北、为官四朝后对江南江北文化风俗的体悟；看他作为一位传统的儒家士人，在受到玄佛两家浸染熏陶后，如何融合三教、扬弃取舍。

《颜氏家训》的作者

《颜氏家训》的作者颜之推，北齐文学家，音韵训诂学家。字介，琅琊临沂（今属山东）人。之推九世祖颜含，跟随晋元帝南渡，定居于江宁颜家巷。《观我生赋》自叙颜氏家族南下历史，云："吾王所以东运，我祖于是南翔。去琅邪之迁越，宅金陵之旧章。"之推父，名协，官至梁湘东王绎镇西府谘议参军。

颜之推生于梁武帝中大通三年（531年），自幼笃学不倦，传习家业，尤善《周官》《左氏》。湘东王萧绎出为江州刺史，之推随父在江州，听讲《庄》《老》，渐染玄风而实不好此，退而研习《礼》《传》。这一时期颜之推潜心学术，博览群书，无不该洽；又好属文，词情典丽，甚为西府所称。然其为人不治行检，好饮酒，行为放荡，不修边幅，故贻人口实。

太清元年（547年），侯景自西魏来奔，后密结萧梁宗室萧正德举兵叛乱，围攻建康，致使台城陷落，武帝被害，世子萧纲即位，是为梁简文帝。大宝元年（550年），萧绎令萧方诸出镇郢州，之推任中抚军外兵参军，掌管记，亦往郢州。侯景遣将宋子仙、任约袭郢州，之推被俘，赖王则救护得免一死，被囚送建康。承圣元年（552年），萧绎平侯景，于江陵自立为元帝。之推自建康还江陵，为散骑侍郎，奏舍人事，奉命校书。承圣三年（554年），西魏遣兵伐梁，攻陷江陵。颜之推文名远播，为西魏大将军李穆所重，被荐往弘农，为李穆兄李远掌书翰。

北齐天保七年（556年），颜之推欲借黄河水涨返回江南故乡，遇砥柱之险而未果，为北齐文宣帝高洋所欣赏，命为奉朝请，后于北齐官场几经沉浮。

齐武成帝武平三年（572年），颜之推以聪颖机悟、工尺牍、善应对，为左仆射祖珽所推重，待召文林馆，负责判署文书，并参与编撰大型类书《修文殿御览》。后迁通直散骑常侍、中书舍人、黄门侍郎等官。少帝承光元年（577年），北周军队攻陷晋阳，颜之推献奔陈之策而未被采用。周武帝平齐后，之推被俘，转送长安。大象二年（580年），受命为御史上士。隋灭周后，颜之推再次投身到隋代的官场当中，接见使臣，讨论历法，并与诸儒生学者相切磋。开皇中，以病终。

颜之推一生漂泊南北，历经朝代更迭，对社会、历史、政治、文学都有独到的见解，这些内容凝缩在《颜氏家训》二十篇当中。针对这本书的写作时间与署名，有三个问题需要厘清。

首先是《颜氏家训》的写作年代。此书题署"北齐黄门侍郎颜之推撰"，故前人对其成书年代颇有疑议。王利器《颜氏家训集解》序言部分总结出三个方面，证明该书当作成于隋文帝平陈以后、隋炀帝即位之前。其一，颜之推对避讳相当重视，以至于在《风操》一篇中多次对避讳的标准进行探讨，因此颜氏著书，更当注意避讳问题。《颜氏家训》中序致、风操、勉学、省事等篇，均有避隋太祖讳而改"忠"为

"诚"的行为，而无避隋炀帝讳的现象，因此王利器以为可以从避讳角度判断本书成于隋代，而未及炀帝朝。不过，值得注意的是，勉学篇中有"忠孝无闻"之语，诫兵篇中亦出现了"颜忠以党楚王受终"，避讳之说似乎有待商榷，此处聊备一说。其二，《颜氏家训》中屡见有关车书混同、天下一统的记录，是为隋一统南北、结束分裂局面的明证。其三，书证篇称萧该为"国子博士"，此为萧该入隋后的官职；同篇又明言"开皇二年五月"，开皇乃隋文帝时年号，则此书作于文帝一统南北后、炀帝即位前当无异议。

其次需要明晰，既然《颜氏家训》成书于隋代大一统之后，为什么仍将颜之推的官职题为北齐黄门侍郎。前人学者早已注意到这一问题。清乾隆五十四年（1789 年）卢文弨刻抱经堂丛书本《颜氏家训》"例言"称："黄门始仕萧梁，终于隋代，而此书向来唯题北齐。唐人修史，以之推入《北齐书·文苑传》中。其子思鲁既纂父之集，则此书自必亦经整理，所题当本其父之志可知。"卢文弨的意思是，《颜氏家训》的作者题为北齐黄门侍郎颜之推，乃是遵循了颜之推本人的意思。余嘉锡《四库总目提要辨证》注意到四库馆臣以为"旧本所题，盖据作书之时也"的舛误，认为仍称颜之推为北齐黄门侍郎，乃是"从所重言之"。王利器继承并发挥余嘉锡的说法，称："寻颜之推历官南北朝，宦海沉浮，当以黄门侍郎为最清显。……之推在梁为散骑侍郎，入齐为黄门侍郎，故之推于其作品中，一则曰'忝黄散于官谤'，再则曰'吾近为黄门郎'，其所以如此津津乐道者，大概也是自炫其'人门兼美'吧。"总结众说，《颜氏家训》作者题之推官职为北齐黄门侍郎，与成书年代无关，而是因为此官清贵显要，故为颜之推及其子孙所重视。

最后要注意颜之推的籍贯与居地问题。之推九世祖颜含从晋元帝南渡，遂定居江宁颜家巷。卢文弨认为据此当称颜之推为江宁人，而《颜氏家训》向来题作琅邪人，这是因为唐人编修史书，称人籍贯皆不以土断，而远取本望，故称之推为琅邪临沂人。而洪亮吉《晓读书斋四录》称："琅邪系东晋成帝是侨郡，临沂亦侨县，属琅邪。今琅邪故侨郡，在今句容县有琅邪乡，即其地；临沂故侨县，在今上元县东北三十里。……《元和姓纂》等书，颜氏本贯琅邪，晋永嘉过江，居丹阳。是颜氏本自江北琅邪渡江，又居侨郡之琅邪耳。"则颜之推不仅郡望为琅邪临沂，其所居江宁县，东晋土断后亦为侨置的琅邪临沂，故无论从哪个角度，称颜氏为琅邪临沂人均没有问题。

《颜氏家训》的版本流传情况

《颜氏家训》自写成以来，历来受到人们重视，多次被刊刻再版，流行不息。《颜氏家训》有单刻本、有注本，也有以丛书的形式流行于世者，单行本又分两卷本与七卷本。因其版本众多，难以罗列枚举穷尽，估略而言之，以窥见其版本演变与传播情况。

《颜氏家训》最早见录于《北齐书·文苑传》，《传》称："（颜之推）有文集三十卷，撰《颜氏家训》二十篇，并行于世。"《隋书·经籍志》不载《颜氏家训》一书，至《旧唐书·经籍志》与《新唐书·艺文志》，均称有"《颜氏家训》七卷，颜之推撰"。王利器认为，唐时《颜氏家训》有别本流传，并举《广弘明集》引文之例，可见此书自唐代以来，广为传播，故衍生出不同版本。

宋代流行的《颜氏家训》主要有台州公库七卷本与《续家训》版本。台州公库七卷本为南宋淳熙七年（1180年），嘉兴沈揆以天台谢氏家藏蜀本为底本——此本曾以五代和凝本参订，校以闽本，详加考辨，并附《考证》一卷，付梓而成。《续家训》为董正功所著，有三卷本与八卷本之别，每篇先列颜氏文字而续之。此书虽然不能完全等同于《颜氏家训》，然因其保存有大量颜氏原文，并为后世翻刻所依据的重要底本之一，故亦可视为《颜氏家训》的一个版本。

元代《颜氏家训》延续了沈本系统，其时廉台田家据沈揆七卷本《颜氏家训》，修补重印，而疏于避讳，并附墨记"廉台田家印"。

随着明代刻书事业的盛行，《颜氏家训》的版本急剧增加，既有单刻本，也有丛书本。这一时期主流单刻本为二卷本，如明宪宗成化年间，建宁府同知程伯祥、罗春曾命工重刊《颜氏家训》。这一版本后来为万历三年（1575年）颜嗣慎所覆刻，覆刻本上卷题程伯祥刊，下卷题罗春刊。明武宗正德十三年（1518年）有颜如环刻本，此本综合董正功《续家训》、宋刻抄本与颜如环先君所藏残缺本相互校订而成。万历六年（1578年），颜志邦以颜如环本为底本，参校他本又重刻之。明世宗嘉靖三年（1524年），辽阳傅钥、冷宗元据中秘所藏《颜氏家训》校而付梓。除以上单刻本外，明代起有大量丛书本《颜氏家训》流行于世。如程荣《汉魏丛书》本《颜氏家训》，乃是覆刻万历六年（1578年）颜志邦本而成；何允中《广汉魏丛书》本《颜氏家训》，又是据何镗本刻入，而改署屠隆所纂；此外还有胡文焕《格致丛书》本等诸多版本。明代所刻七卷本较二卷本更为罕见，陆心源《藏书志》录有七卷明刊本，然其流传度与影响力远不如二卷本。

清代除重刻本外，还出现了《颜氏家训》的节本、注本与评点本。雍正二年（1724年），黄叔琳以养素堂刊本为底本，节抄重刻，分上下二卷。此本今藏于北京图书馆。嘉庆二十二年（1817年），沩宁颜邦城刊颜氏通谱本，此本流传不广，为王利器所藏。光绪七年（1881年）汗青簃本《颜氏家训》，其底本为《知不足斋丛书》本。《知不足斋丛书》又是以元廉台田家所刻沈本为底本的，可见这一版本系统的《颜氏家训》之长久源流。光绪二十三年（1897年）刊康熙五十八年（1719年）朱轼评点本，此本所据底本乃明嘉靖傅太平重刊本。清代也产生了许多影响深远的丛书本，如乾嘉年间，鲍廷博与其子相继刊刻了《知不足斋丛书》本《颜氏家训》，这一版本乃宋刻之旧，经由鲍廷博手校，后来屡经刊刻，成为许多版本《颜氏家训》的底本。乾隆五十四年（1789年）卢文弨《抱经堂丛书》七卷本，以清人赵曦明所注宋本为底本，由卢文弨增补修缮，复参酌旧刻本与《知不足斋丛书》本进行订补，可谓相当完备。此外，还有王谟《增订汉魏丛书》本、文津阁四库本、郝懿行

《颜氏家训斠记》本等多种版本，种类繁多，注释详备，足见《颜氏家训》对后世的深远影响。

本书踵武前贤，充分利用前辈学者的整理研究成果，以中华书局出版王利器所撰《颜氏家训集解》为基础，参校诸类书所引，并对原书表达不明的注释——如以"懂懂"为"辩快"——进行了更正，尽量以白话文的形式对典故进行解释，方便读者理解其本义与语境义。

《颜氏家训》的内容及评价

今本《颜氏家训》共二十篇，依次为序致、教子、兄弟、后娶、治家、风操、慕贤、勉学、文章、名实、涉务、省事、止足、诫兵、养心、归心、书证、音辞、杂艺、终制，包括家庭教育、文学理论、立身准则、文献历史、文字训诂、玄佛义理等多方面内容，可谓思深而意远，故历来受到很高评价。

古人对《颜氏家训》的品评大多集中于该书序跋当中。沈揆跋《颜氏家训》称："此书虽辞质义直，然皆本之孝弟，推以事君上，处朋友乡党之间，其归要不悖《六经》。"此说肯定了琅琊颜氏尊儒的门风以及《颜氏家训》对儒家经典的传承，在古代儒家士人眼中属于相当高的评价。张璧认为："乃北齐颜黄门《颜氏家训》，质而明，详而要，平而不诡。盖《序致》至终篇，罔不折中古今，会理道焉，是可范矣。"由此可见，此书体大而虑周的特点已为古人之共识。张一桂则仿照司马迁《史记·屈原列传》对屈原人格、作品的赞美，称颂颜之推及其《颜氏家训》：

乃公当梁、齐、隋易代之际，身婴世难，间关南北，故幽思极意而作此编，上称周、鲁，下道近代，中述汉、晋，以刺世事。其识该，其辞微，其心危，其虑详，其称名小而其指大，举类迩而见义远。其心危，故其防患深；其虑详，故繁而不容自己。推此志也，虽与《内则》诸篇并传可也。

于慎行的评价则着重赞扬了《颜氏家训》包罗万象的广博，这是只有历官四朝、漂泊南北的颜之推才能写成的作品。于慎行称："夫其言阃以内，原本忠义，章叙《内则》，是敦伦之矩也；其上下今古，综罗文艺，类辨而不华，是博物之规也；其论涉世大指，曲而不诎，廉而不刿，有《大易》《老子》之道焉，是保身之诠也；其撮南北风土，俊俗具陈，是考世之资也。统之，有关于世教，其粹者考诸圣人不缪，儒先之慕用其言，岂虚哉？"

黄叔琳更是比较了《颜氏家训》与诸训诫子孙作品之优劣，认为《颜氏家训》外的作品多有不足，唯有颜氏文章义正虑周，几近完备。其云："然历观古人诏其后嗣之语，往往未满人意。叔夜《家诫》，骁骇逢时，已绝巨源交，而又幸其子之不孤；渊明责子，付之天理，但以杯中物遣之；王僧虔虑其子不晓言家口实；徐勉屑屑以田园为念；杜子美云：'诗是吾家事''熟精文选理'，其末已甚；即卓荦如韩退之，亦惟以公相潭府之荣盛，利诱其子，而未及于道义。彼数贤者，岂虑之不周，语之不详哉？识有所不足，而爱有所偏徇故也。余观《颜氏家训》廿篇，可谓度越数贤者矣。其谊正，其意备。其为言也，近而不俚，切而不激。自比于傅婢寡妻，而心苦言甘，足令顽秀并遵，贤愚共晓。宜其孙曾数传，节义文章，武功吏治，绳绳继起，而无负斯训也。"

虽然《颜氏家训》为历朝儒生所重视，甚至被誉为古今家训之祖，然而批评的声音也未曾停息。黄叔琳虽然高度肯定了《颜氏家训》的价值，认为其完备程度远远超越同类作品，却也指出其中谈论玄佛义理的归心篇，不从儒术，流入异端；书证、音辞，义琐文繁，无关大体。不过在黄叔琳眼中，他所指出的缺点自然瑕不掩瑜，不能动摇《颜氏家训》在他心目中的地位。

近人对这本书批评最为激烈的当属王利器。他在《颜氏家训集解》的序言部分指出，颜之推在训家时，将自己家庭的利益——"立身扬名"，放在国家、民族利益之上。虽然在《颜氏家训》中，颜之推频繁颂扬舍身为国的良将忠臣，但同时，他也屡屡教导自己的子孙辈"人身难得"，告诫他们在乱世中当以保全性命为先，"有此生然后养之，勿徒养其无生也"。这种矛盾的态度源自现实中的无可奈何。颜之推曾两次被俘，他并没能做到自己宣扬的舍生取义，反而出仕新朝，这显然不符合儒家传统道义的要求。因此，王利器认为颜之推在《颜氏家训》中退让一步的矛盾态度，不过是摆出一副问心无愧的样子，自欺欺人罢了。

除此以外，应该注意到，《颜氏家训》毕竟是一部写成于一千四百多年前的作品，因此不能超越时代的局限，书中一部分内容已经不符合当代价值观的要求，如认为妇人天性喜欢虐待儿媳、女子为一家之累赘、不可使女子治国理家等。这些内容在今日看来当属糟粕，因此在阅读这部书时，应当着重甄别，取其精华，去其糟粕，不可一味接受。

《颜氏家训》的选编原则与阅读方法

正如上文所提到的，阅读《颜氏家训》时当取其精华，去其糟粕。因此，本书在选编时，仅从二十篇中节选了九篇符合当代价值观、对青少年成长有所裨益的篇目，其中治家篇，删去了贬低女性价值的段落，使之更加符合当代读者的价值追求。

魏晋南北朝是我国古代文化大发展的时期。这一时期的文士大多以博学为尚，好隶事、好用典，颜之推自然不能免俗。因此，《颜氏家训》中不乏难解之词语与典故。为了适应青少年读者的阅读水平与接受能力，这部选注尽可能以通俗的语言详注疑难古语与典故旧事，并指出它们的出处、本义与语境义，以及颜之推利用它们所影射的现实人事。

这本书虽然部头不大，仅仅节选了原著中的九篇，但于注释尽可能做到精详，因此更加适合精读。兼之《颜氏家训》本就是一部包纳历史、文化、文学、教育等多方面内容的著作，作者将一生辗转江南江北、为官四朝的所见、所闻、所悟、所感全部浓缩在了二十篇中，故阅读本书时，有余力的读者可以参考正史、文学史等相关著作，以便更加深入、全面地把握个中要义。

董恺

2023 年 2 月 8 日北京

凡例

一、本书以中华书局本王利器《颜氏家训集解》（增补本）为基础，参校黄叔琳节本、《四部丛刊续编》收朱轼评点本及诸类书所引。若异文对句意有明显影响则出注，影响不大者遵从王利器本，且不予特别注释。原书中多异体字，今仍其旧，并不进行简化、更改。

二、为保证正文完整性，正文中凡生僻字、难字并不注音，而于注释中注出。

三、为适应青少年读者的接受能力与阅读水平，生僻字、词与年号、职官、地理等专有名词于书中首次出现时皆进行注音释义，再次出现时则不予重复解释。涉及具体人物时，首次出现则以正史《本传》进行注释，若此后以不同形式——如谥号、庙号、封号、职官等——被提及，则注其姓字，否则则不予重复注释。

四、书中典故皆注明出处，若典故原文较为简洁，则引用之，并加以解释；若原文繁复冗长，则以简洁白话文进行转译，以便读者理解、接受。

五、凡诸家解释有抵牾之处者，皆附于注中，方便读者比较取择。

卷第一

序致　教子　兄弟　治家

序致①第一

夫圣贤之书，教人诚孝②，慎言检迹③，立身扬名④，亦已备矣。魏、晋已来，所著诸子⑤，理重事复，递相模敩⑥，犹屋下架屋，床上施床⑦耳。吾今所以复为此者，非敢轨物范世也⑧，业以整齐门内⑨，提撕⑩子孙。夫同言而信，信其所亲；同命而行，行其所服⑪。禁童子之暴谑⑫，则师友之诚不如傅婢⑬之指挥；止凡人之斗阋⑭，则尧、舜之道不如寡妻之诲谕⑮。吾望此书为汝曹⑯之所信，犹贤于傅婢寡妻耳。

【注释】

①序致：指全书的序言。魏晋南北朝以前的作品，自序往往置于书末，如刘勰《文心雕龙·序志》；这篇序言则位于全书之首，如《孝经·开宗明义》。

②诚孝：诚实孝敬；或以为即忠孝，忠于国家，孝于父母。王利器认为"诚"本作"忠"，避隋文帝父杨忠讳而改。但书中勉学、戒兵篇分别出现"忠孝无闻""颜忠以党楚王受终"，则避讳之说仍有待商榷，或因后世传抄刻印而致，此处仅备一说。

③慎言：说话谨慎。检迹：做事有节制。

④立身扬名：出自《孝经·开宗明义》，指修养自身，使声名远播。

⑤诸子：各个学派的学术著作。

⑥模敩（xiào）："敩"同"效"，即模拟仿效。

⑦屋下架屋，床上施床：六朝时常用习语，指重复前人的成果而没有创新。《世说新语·文学篇》记载，东晋时庾（yǔ）阐写作《扬州赋》，谢安认为庾阐的作品因循守旧，处处模仿古人，称其为"屋下架屋"。

⑧轨：车轨。范：模范。这里是说颜之推作《颜氏家训》，不敢以此书为世人行为规范的楷模。

⑨业：以……为事。门内：家庭、家人。

⑩提撕：提携。《诗·大雅·抑》："匪面命之，言提其耳。"郑玄《笺》："我非但对面语之，亲提撕其耳。"

⑪同言而信，信其所亲；同命而行，行其所服：同样的话语想要令人信服，人们往往信服他们亲近之人的话语；同样的命令想要使人执行，人们往往执行他们所尊敬之人的命令。《淮南子·缪称篇》："同言而民信，信在言前夜；同令而民化，诚在令外也。"

⑫暴谑（xuè）：玩笑取乐，行为过分。谑，玩笑取乐。

⑬傅（fù）婢（bì）：即侍婢，服侍主人生活起居的女性仆从。

⑭斗阋（xì）：争斗。《诗·小雅·棠棣》："兄弟阋于墙，外御其侮。"

⑮尧（yáo）、舜（shùn）：传说中古代的两位圣明君主。寡妻：有两种说法，一说以为嫡（dí）妻，即正室妻子；一说以为寡德之妻，为自谦之词。这里是说，阻止、调解普通人之间的斗争，用古代圣王的方法不如妻子的规劝有效。颜之推化用《吴越春秋》中的一则故事：春秋时期，吴国人专诸与人争斗，生起气来有万人难敌之气势。但是，只要他的妻子一呼喊他，专诸便立刻停止争斗，返回家中。伍子胥对此很奇怪，向专诸询问："您当时那么愤怒，为什么您的妻子一喊您，您就立刻返回家中了呢？"专诸回答他说："我听说，屈居一人之下的人，日后必定可以位居万人之上。"

⑯汝曹：你们，这里指颜之推的后世子孙。

吾家风教①，素为整密。昔在龆龀②，便蒙诲诱；每从两兄③，晓夕温清④，规行矩步⑤，安辞定色⑥，锵锵翼翼⑦，若朝严君焉⑧。赐以优言⑨，问所好尚，励短引长，莫不恳笃⑩。年始九岁，便丁荼蓼⑪，家涂⑫离散，百口⑬索然。慈兄鞠养⑭，苦辛备至；有仁无威，导示不切⑮。虽读《礼传》⑯，微爱属文⑰，颇为凡人之所陶染⑱，肆欲轻言⑲，不修边幅⑳。年十八九，少知砥砺㉑，习若自然㉒，卒难洗荡。二十已后，大过稀焉；每常心共口敌㉓，性与情竞㉔，夜觉晓非，今悔昨失，自怜无教，以至于斯。追思平昔之旨，铭肌镂骨㉕，非徒古书之诫，经目过耳也。故留此二十篇，以为汝曹后车㉖耳。

【注释】

①风教：风、教义同，指教化。

②龆（tiáo）龀（chèn）：儿童垂下头发、长出恒牙之时，指童年。

③两兄：两位兄长。《南史·颜协传》记载："（颜协）子之仪、之推。"颜真卿《颜氏家庙碑》载颜之推有弟名之善，则颜之推有一兄一弟。此云两兄者，颜协或别有子嗣，不见于史籍记载。

④温凊：指侍奉双亲，使他们冷暖合宜。《礼记·曲礼》："凡为人子之礼，冬温而夏凊。"注曰："温以御其寒，凊以致其凉。"

⑤规行矩步：行为举止合乎规矩。

⑥安辞定色：言语神色安定平和。

⑦锵（qiāng）锵翼翼：恭敬谦和地行走。锵锵，走路的样子。翼翼，恭敬的样子。

⑧朝：拜见。严君：指父母。《易》："家人有严君焉，父母之谓也。"

⑨优言：褒美之言。

⑩恳（kěn）笃：真诚殷切。

⑪荼（tú）蓼（liǎo）：苦菜，比喻苦辛。这里指因失去父母而遭受苦辛。《诗·邶（bèi）风·谷风》："谁谓荼苦，其甘如荠。"《诗·周颂·小毖（bì）》："未堪家多难，予又集于蓼。"

⑫家涂：家道。

⑬百口：亲戚。《资治通鉴》胡三省注："人谓其家之亲属为百口。"

⑭鞠（jū）养：抚养。

⑮导示：督导示范。切：严格。

⑯《礼传》：指《礼记》与《大戴礼记》。传与经相对而言，为解释经文、发挥其义的文字。

⑰属文：即作文，联词造句，使为文章。

⑱凡人：凡庸之人。陶染：熏陶渐染。

⑲肆欲：任性，放纵欲望。轻言：说话轻率。

⑳不修边幅：不注重仪容仪表。《北齐书·颜之推传》记称："（颜之推）好饮酒，多任诞，不修边幅。"

㉑少：同"稍"。砥（dǐ）砺（lì）：磨炼。

㉒习若自然：《大戴礼记·保傅》载"少成若天性，习惯如自然"。

㉓心共口敌：指嘴上想要轻易地发表言论，内心却会制止这一念头。

㉔性：天生具有的本性。《荀子·性恶》："凡性者，天之就也，不可学，不可事。"情：后天培养、受到节制的情欲。

㉕铭（míng）肌镂（lòu）骨：刻在皮肤上，雕在骨头上。指感受、记忆深刻。

㉖后车：后继之车，犹言晚辈后生。《汉书·贾谊传》："前车覆，后车戒。"

【评析】

本篇是全书序文，起到提纲挈领的作用。在序文中，颜之推回顾了自己的成长经历，在此基础上，多次强调家庭教育对子弟的重要性。随着官学地位的下降与门阀（fá）士族的逐渐形成，家学、家风的意义在魏晋南北朝得到凸显。陈寅恪先生在《唐代政治史论稿》中曾对这一现象做出过精准评价："夫士族之特点，既在其门风之优美，不同于凡庶；而优美之门风实基于学业之因袭。故士族家世相传之学业，乃与当时之政治社会有极重要之影响。"

颜之推出身于当时一等一的名门望族琅琊颜氏，

因此家风持重。其于《颜氏家训》中自谓"世以儒雅为业"（诚兵篇）、"吾家风教，素为缜密"（序致篇），对父祖传承至今的家学传统尤为自矜。他在这篇序文中提到年少的时候，容易受到外界影响，养成习惯，因此提倡"早教"的思想，将家学传统与自己历仕四朝的见闻经历总结提炼，形成了这部极具教育意义与文化意义的《颜氏家训》。《颜氏家训》改变了以往只言片语的训子模式，形成了体大而思精的教育专著，因此明人袁忠曾评价："六朝颜之推家法最正，相传最远。"

教子第二

　　上智不教而成，下愚虽教无益，中庸之人①，不教不知也。古者，圣王有胎教之法：怀子三月，出居别宫，目不邪视，耳不妄听，音声滋味，以礼节之②。书之玉版③，藏诸金匮④。生子咳㖷⑤，师保⑥固明孝仁礼义，导习之矣。凡庶纵不能尔，当及婴稚，识人颜色，知人喜怒，便加教诲，使为则为，使止则止。比及⑦数岁，可省笞罚⑧。父母威严而有慈，则子女畏慎⑨而生孝矣。吾见世间，无教而有爱，每不能然；饮食运为⑩，恣其所欲⑪，宜诫翻奖⑫，应诃反笑⑬，至有识知⑭，谓法当尔。骄慢⑮已习，方复制之，捶挞⑯至死而无威，忿怒⑰日隆而增怨，逮⑱于成长，终为败德。孔子云"少成若天性，习惯如自然"⑲是也。俗谚曰："教妇初来，教儿婴孩。"诚哉斯语！

【注释】

①上智：拥有大智慧的人。下愚：十分愚蠢的人。中庸：平庸、普通。《论语·阳货篇》："唯上智与下愚不移。"颜之推所说本自《后汉书·杨终

传》："终以书戒马廖（liào）云：'上智下愚，谓之不移；中庸之流，要在教化。'"

②本自《大戴礼记·保傅》："古者胎教：王后腹之七月，而就宴室，太史持铜而御户左，太宰持斗而御户右；比及三月者。王后所求声非礼乐，则太师缊（yùn）瑟而称不习，所求滋味非正味，则太宰倚斗而言曰，不敢以待王太子。"

③玉版：用于刻字的玉片。

④金匮（guì）：用于藏书的金柜。《大戴礼记·保傅》："素成胎教之道，书之玉版，藏之金匮，置之宗庙，以为后世戒。"

⑤咳（hái）嗫（tí）：泛指孩提。咳，同"孩"。嗫，小儿啼。

⑥师保：古代负责教育王室子弟的官员，有三公三少。《汉书·贾谊传》："昔者，成王幼，在襁（qiǎng）褓（bǎo）之中，召公为太保，周公为太傅，太公为太师，此三公之职也；于是为置三少，皆上大夫也，曰少保、少傅、少师。"

⑦比及：等到。

⑧笞（chī）罚：拷打责罚。笞，指用竹板或鞭子打。

⑨畏慎：敬畏谨慎。

⑩运为：即云为，指所为。六朝、唐人将"运为"作"云为"使用。

⑪恣（zì）其所欲：放纵孩子们的内心欲望，想要什么就满足什么。恣，放纵。其，这里指孩子们。

⑫宜戒翻奖：应当训斥反而进行表扬。

⑬应诃（hē）反笑：应当怒责反而笑脸相对。诃，生气训责。

⑭识知：见识、知识，这里指懂事的年纪。

⑮骄慢：骄纵傲慢。

⑯捶（chuí）挞（tà）：用鞭子、棍棒等抽打。

⑰忿（fèn）怒：愤怒。

⑱逮（dài）：等到。

⑲少成若天性，习惯如自然：小时候养成的习惯，长大以后就会像他的天性一样难以改变。与《序致》中"习若自然"意思相同。

父子之严，不可以狎①；骨肉②之爱，不可以简。简则慈孝不接，狎则怠慢③生焉。由命士以上，父子异宫④，此不狎之道也；抑搔痒痛⑤，悬衾箧枕⑥，此不简之教也。或问曰："陈亢喜闻君子之远其子⑦，何谓也？"对曰："有是也。盖君子之不亲教其子也，《诗》有讽刺之辞，《礼》有嫌疑之诫，《书》有悖乱之事，《春秋》有哀僻之讥，《易》有备物之象：皆非父子之可通言，故不亲授耳⑧。"

【注释】

①狎（xiá）：亲昵而不庄重。

②骨肉：至亲。《吕氏春秋·精通》："故父母之于子也，子之于父母也，一体而两分，同气而异息。若草莽之有华实也，若树木之有根心也，虽异处而相通。隐志相及，痛疾相救，忧思相感，生则相欢，死则相哀，此之谓骨肉之亲。"

③怠（dài）慢：不恭敬。

④由命士以上，父子异宫：出自《礼记·内则》。"由命士以上，父子皆异宫，昧爽而朝，慈以旨甘，日出而退，各从其事，日入而夕，慈以旨甘。"受有厥命的士人，要和父母住在不同的宫室之中，天刚刚亮的时候去向父母请安，为他们献上美好的食物，太阳升起后拜别父母，从事自己的工作，太阳落山后，也要为父母奉上美好的食物以请安。

⑤抑搔（sāo）痒痛：抑搔，指按摩，古时又称为折枝。此句出自《礼记·内则》："子事父母，妇事舅姑，及所，下气怡声，问衣寒燠，疾痛苛痒，而敬抑搔之，出入则或先或后，而敬扶持之。"儿子侍奉父母，儿媳侍奉公婆，来到他们居住的地方，放轻声音，询问他们的衣着冷暖，长辈感到身上有瘙痒疼痛，就要恭敬地为他们按摩，出行的时候，也要恭敬

地搀扶他们。

⑥悬衾（qīn）箧（qiè）枕：衾，被子。箧，小箱子，此处作动词用，用箱子收纳。此句出自《礼记·内则》："父母舅姑将坐，奉席请何乡；将衽（rèn），长者奉席请何趾，少者执床与坐，御者举几，敛席与簟（diàn），悬衾箧枕，敛簟而褶（shǔ）之。"父母公婆要坐下的时候，子女手持坐席询问他们想要面向哪个方向；父母将要更换卧席，子女中较为年长者要捧着卧席询问父母想要脚冲着哪个方向，年少者则为父母移动卧榻，侍者搬来几案让父母凭靠，为他们整理内务，将席子收起来，挂起被子，收纳好枕头。

⑦陈亢喜闻君子之远其子：陈亢，孔子弟子。《论语·季氏》，陈亢问于伯鱼曰："子亦有异闻乎？"对曰："未也。尝独立，鲤趋而过庭。曰：'学《诗》乎？'对曰：'未也。''不学《诗》，无以言。'鲤退而学《诗》。他日，又独立，鲤趋而过庭。曰：'学《礼》乎？'对曰：'未也。''不学《礼》，无以立。'鲤退而学《礼》，闻斯二者。"陈亢退而喜曰："问一得三，闻《诗》，闻《礼》，又闻君子之远其子也。"伯鱼即孔鲤，孔子之子。

⑧《诗》《礼》《书》《春秋》《易》：儒家五经，即《诗经》《礼记》《尚书》《春秋》《周

易》。指五经中关于讽刺贵族、男女大防、阴阳卦象等内容，都不是父子之间可以直接谈论的。颜之推的观点本之《白虎通》。《白虎通·辟雍》："父所以不自教子何？为其渫（xiè）渎也。又授受之道，当即说阴阳夫妇变化之事，不可以父子相教也。"

齐武成帝子琅邪王①，太子母弟也，生而聪慧，帝及后并笃爱②之，衣服饮食，与东宫相准③。帝每面称之曰："此黠儿也，当有所成。"④及太子即位，王居别宫⑤，礼数优僭⑥，不与诸王等；太后犹谓不足，常以为言，年十许岁⑦，骄恣无节⑧，器服玩好⑨，必拟乘舆⑩；尝朝南殿，见典御进新冰⑪，钩盾⑫献早李，还索不得，遂大怒，訽⑬曰："至尊已有，我何意⑭无？"不知分齐⑮，率皆如此。识者多有叔段州吁之讥⑯。后嫌宰相，遂矫诏⑰斩之，又惧有救，乃勒⑱麾下军士，防守殿门；既无反心，受劳而罢，后竟坐此幽薨⑲。

【注释】

①齐武成帝：北齐武成帝高湛。琅邪王：武成帝

与明皇后子高俨，封琅邪王。琅邪与琅琊同。

②笃爱：深爱、厚爱。

③东宫：太子居住的宫殿，代指太子。准：以……为标准。

④此黠儿也，当有所成：《北齐书·琅邪王俨传》，"帝每称曰：'此黠儿也，当有所成。'以后主为劣，有废立意"。黠，聪明。

⑤及太子即位，王居别宫：太子，北齐后主高纬，琅邪王俨之兄。别宫，指北宫。《北齐书·琅邪王俨传》："俨恒在宫中，坐含光殿以视事，和士开、骆提婆忌之，武平二年，出俨居北宫。"

⑥礼数：即礼，礼与数同义，这里指衣食起居等礼节的等级。优僭（jiàn）：超越本分。

⑦年十许岁：十岁左右。许，左右，表示不确定之义。

⑧骄恣无节：骄纵没有节制。

⑨器服玩好：器用、服饰、奇珍异宝。古时不同身份等级的人，所能使用的器具、穿戴的服饰及所拥有的珍宝规格等级也不相同。

⑩乘舆：指天子。蔡邕《独断》："天子至尊，不敢渫渎言之，故托之于乘舆。乘犹载也，舆犹车也；天子以天下为家，不以京师宫室为常处，则当乘车舆以行天下，故群臣托乘舆以言之。"

⑪典御：掌管皇帝饮食起居的官员。进新冰：古

时，冬天凿冰并储存起来，夏天将冰从窖中取出，以供皇室享用。

⑫钩盾：掌管园林池苑的官员。

⑬詢（gòu）：同"诟"，骂。

⑭至尊：指天子。何意：孰料。高俨索新冰、早李事见《北齐书·琅邪王俨传》。

⑮分齐：本分、限制。

⑯叔段：共叔段，春秋时郑庄公同母弟。叔段为母武姜所爱，骄纵违礼，在母亲的帮助下反叛郑国，失败后逃到鄢（yān）地，又逃至卫国共地。州吁：春秋时期卫庄公之子，卫桓公异母弟。州吁受宠于父，骄横奢侈。其兄卫桓公即位后，罢免了州吁的职务，州吁出逃，后袭杀卫桓公，自立为君。州吁即位后，不获卫国臣民拥护，后为石碏（què）遣人所杀。

⑰矫诏：假托皇帝诏令。

⑱勒：统率。

⑲坐：由……获罪。薨（hōng）：诸侯、皇子、公主等逝世。高纬为隐瞒太后，以打猎为借口杀害了高俨，其行事隐秘，故称高俨之死为幽薨。

人之爱子，罕亦能均；自古及今，此弊多矣。贤俊①者自可赏爱，顽鲁者亦当矜怜②，有偏宠者，虽欲以厚之，更③所以祸之。共叔之死，母实为之④。赵王之戮，父实使之⑤。刘表之倾宗覆族⑥，袁绍之地裂兵亡⑦，可为灵龟明鉴也⑧。

【注释】

①贤俊：才德兼备之人。

②顽鲁：顽劣愚钝之人。矜怜：怜爱。

③更：却，表示转折。

④共叔之死，母实为之：共叔段之死，是他的母亲武姜过分溺爱造成的。共叔，即上文所谓"叔段"，事见前。

⑤赵王之戮，父实使之：赵王如意之死，是因为他的父亲刘邦的过分宠爱。《史记·吕后纪》记载：汉高祖得戚夫人，生子如意。高祖宠爱戚姬与如意，欲封如意为太子，因张良等重臣劝谏而罢。高祖死后，吕后鸩（zhèn）杀如意，废戚夫人为人彘（zhì），囚于厕中。

⑥刘表之倾宗覆族：刘表宗族覆灭，是因为他没有处理好两个儿子的关系。《后汉书·刘表传》记载：刘表有二子刘琦、刘琮。刘表最初因刘琦容貌与自己相似而宠爱刘琦，后为刘琮娶自己后妻蔡氏的侄女，蔡氏遂宠爱刘琮而厌恶刘琦，每每在刘表面前非毁刘琦。刘表病重，以刘琮为嗣，刘琦求见而不得，

欲因丧作乱。值曹操军至新野，刘琦逃至江南，刘琮举州降操，刘表基业一时俱没。

⑦袁绍之地裂兵亡：袁绍兵败地失，是因为三个儿子彼此不睦，互相争斗。《后汉书·袁绍传》记载：袁绍有三个儿子袁谭、袁熙与袁尚。袁绍后妻宠爱小儿子袁尚，袁绍便将长子袁谭出继给兄长，并令袁谭、袁熙分别外任青州、幽州刺史。官渡战败后，袁绍病死，袁谭、袁尚均有意为嗣。袁尚党羽逢纪、审配矫诏奉尚为嗣，遂使兄弟不和，兵戎相向，后为曹操击破，兵败地失。

⑧灵龟：用于占卜的大龟。明鉴：即明镜，可用于照形。这里以灵龟明镜为喻，要求以此为鉴。

齐朝①有一士大夫，尝谓吾曰："我有一儿，年已十七，颇晓书疏②，教其鲜卑语及弹琵琶③，稍欲通解，以此伏事④公卿，无不宠爱，亦要事也。"吾时俛⑤而不答。异哉，此人之教子也！若由此业⑥，自致卿相，亦不愿汝曹为之⑦。

【注释】
①齐朝：北齐。
②书疏：信件尺牍。书疏为六朝习语，如《三

国志·魏书·高贵乡公传》："见其好书疏文章，冀可成济。"《晋书·陶侃传》："远近书疏，莫不手启。"

③教其鲜卑语及弹琵琶：鲜卑语及弹琵琶，是当时流行的技艺，朝野多所好尚。高齐皇室出自鲜卑，又喜琵琶，故多有习此二种技艺以为官运仕途之终南捷径者。

④伏事：即服事，"伏"，同"服"。

⑤俛（fǔ）：同"俯"。据《北史·恩幸传》记载：曹僧奴子曹妙达因会胡语、能弹琵琶而特受宠爱，官至开封王。颜之推所指，似是此人。

⑥业：指鲜卑语及弹琵琶。

⑦亦不愿汝曹为之：颜之推虽仕北朝胡虏政权，实为不得已之举，其实仍秉世家大族之风骨，因此不愿子孙学习胡虏人技艺，取媚人主以获官职。

【评析】

这一章主要谈论了子女的教育问题。首先，颜之推认为，子女教育应当趁早。孺子容易受到身边人潜移默化的影响，因此，家人日常的行为举止比起责罚捶挞更能对孩子产生深远持久的影响。孩子长大后，幼时所见所习会渐渐成为习惯，当他们形成了较为稳固的价值观与处事原则后，便很难通过外力对其产生影响了。因此，家长要尽早对子女进行教育，磨砺他们的志向，锤炼他们的品行，塑造他们的人格。

其次，颜之推提出，要避免父母对子女的溺爱。宠爱过甚，会让子女养成骄纵、傲慢的坏习惯。如果生在帝王之家，父母的偏爱、宠溺更会导致兄弟不睦，从而亡国乱政。

最后，颜之推特别提到，不能为了仕途官运便学习胡虏技艺，取媚人主。颜之推虽然历仕北朝，但其为琅琊名门，素以儒学为业，仍视南朝衣冠礼乐为正统，以外族言语技艺为小道。他所持有的华夷之辨观念，普遍流行于南方朝廷与北方士人群体当中。

兄弟第三

夫有人民而后有夫妇，有夫妇而后有父子，有父子而后有兄弟①：一家之亲，此三而已矣。自兹以往，至于九族②，皆本于三亲焉，故于人伦为重者也，不可不笃③。兄弟者，分形连气④之人也，方其幼也，父母左提右挈⑤，前襟后裾⑥，食则同案⑦，衣则传服⑧，学则连业⑨，游则共方⑩，虽有悖乱⑪之人，不能不相爱也。及其壮也，各妻其妻，各子其子⑫，虽有笃厚之人，不能不少⑬衰也。娣姒⑭之比兄弟，则疏薄矣；今使疏薄之人，而节量⑮亲厚之恩，犹方底而圆盖，必不合矣。惟友悌深至，不为旁人⑯之所移者，免夫！

【注释】

①夫有人民而后有夫妇，有夫妇而后有父子，有父子而后有兄弟：此说本自《周易·序卦》，"有天地然后有万物，有万物然后有男女，有男女然后有夫妇，有夫妇然后有父子，有父子然后有君臣，有君臣然后有上下，有上下然后礼义有所错"。

②九族：有两说。一说以为高祖至玄孙，即高

祖、曾祖、祖、父、自身、子、孙、曾孙、玄孙；另一说以为父族四、母族三、妻族二，包括自身五服内的亲属、父亲的姐妹与她们的孩子、自己的姐妹与她们的孩子、女儿与她们的孩子、母亲的父姓一族、母亲的母姓一族、母亲的姐妹与她们的孩子、妻子的父姓一族与母姓一族。

③笃：重视。

④分形连气：形体区别，气息联通。形容父母子女间关系密切。如《吕氏春秋·精通》："故父母之于子也，子之于父母也，一体而两分，同气而异息，……此之谓骨肉之亲。"亦用于兄弟之间，如曹植《求自试表》："诚与国分形同气，忧患共之者也。"

⑤左提右挈（qiè）：相互扶持，指幼时父母左手牵兄，右手携弟。

⑥前襟（jīn）后裾（jū）：兄前挽父母之襟，弟后牵父母之裾。

⑦案：同"几"，用于盛放食物的托盘，以便席地而食。

⑧传服：谓孩子的衣服，年龄较大的孩子已经穿不了了，便留给年龄较小的孩子穿。

⑨连业：谓兄长曾经使用过的经籍文献，为其弟所继承使用。业，指书写经籍的大版。

⑩游则共方：去往相同的地方游宴。方，《论

语·里仁》，"游必有方"。

⑪悖（bèi）乱：惑乱、昏乱。

⑫各妻其妻，各子其子：各自娶妻生子。此句中第一个"妻"与"子"是意动用法，即以……为妻、以……为子之意。

⑬少：同"稍"，稍微。

⑭娣（dì）姒（sì）：即妯（zhóu）娌（li），兄弟妻子的合称。

⑮节量：节制度量。

⑯旁人：又作"傍人"，指兄弟之妻。

二亲既殁①，兄弟相顾，当如形之与影，声之与响；爱先人之遗体②，惜己身之分气③，非兄弟何念哉？兄弟之际，异于他人，望深则易怨④，地亲则易弭⑤。譬犹居室，一穴则塞之⑥，一隙则涂之⑦，则无颓毁之虑；如雀鼠之不恤⑧，风雨之不防⑨，壁陷楹⑩沦，无可救矣。仆妾之为雀鼠，妻子之为风雨，甚哉！

【注释】

①殁（mò）：死亡。

②遗体：子女，这里强调兄弟姐妹。古人以为

子女的身体乃父母所生，故称其为父母遗体。《礼记·祭义》："身也者，父母之遗体也。"

③分气：指兄弟，即上文所谓"分形连气"者。

④望深则易怨：弟望兄之爱，兄望弟之敬，责望太深，故易生怨。望，责望、希望。

⑤地亲则易弭：地近则情亲，怨虽易起，亦易消弭。弭，止。

⑥穴：孔洞、坑。塞：堵塞。

⑦隙：缝隙。涂：填补。

⑧雀鼠之不恤：有了雀鼠也不忧虑。雀鼠出自《诗·召南·行露》，"谁谓雀无角？何以穿我屋"，"谁谓鼠无牙？何以穿我墉"。

⑨风雨之不防：风雨袭来也不设防。风雨出自《诗·豳（bīn）风·鸱（chī）鸮（xiāo）》："予羽谯（qiáo）谯，予尾翛（xiāo）翛，予室翘翘。风雨所漂摇，予维音哓（xiāo）哓。"

⑩楹（yíng）：厅堂前的立柱。

兄弟不睦，则子侄①不爱；子侄不爱，则群从疏薄②；群从疏薄，则僮仆为雠敌③矣。如此，则行路皆踏其面而蹈其心④；谁救之哉？人或交天下之士，皆有欢爱，而失敬于兄者，何其能多而不能少也！人或将数万之师⑤，得其死力，而失恩于弟者，何其能疏而不能亲也⑥！

【注释】

①子姪（zhí）：儿子与侄子辈的合称。姪，同"侄"。

②群从：族中子弟。疏薄：疏远淡泊。

③雠（chóu）敌：仇人、敌人。

④行路：陌生人，汉魏南北朝习用语。蹐（jí）：践踏。

⑤将：统率。师：军队。

⑥何其能疏而不能亲也：王利器谓颜之推所讥实有所指，乃北齐韦子粲。据《北齐书·韦子粲传》记载：韦子粲富贵后，弃其弟道谐于不顾。

娣姒者，多争之地也，使骨肉居之，亦不若各归四海，感霜露①而相思，伫②日月之相望也。况以行路之人，处多争之地，能无间者鲜矣③。所以然者，以其当公务而执私情④，处重责而怀薄义⑤也；若能恕己而行⑥，换子而抚⑦，则此患不生矣。

① 霜露：出自《诗·秦风·蒹（jiān）葭（jiā）》，"蒹葭苍苍，白露为霜。所谓伊人，在水一方"。

②伫（zhù）：久立。

③间：嫌隙。鲜：少。

④公务：公事。私情：私人情感。

⑤薄义：微薄的道义。

⑥恕己而行：以宽宥自己的态度宽恕他人。

⑦换子而抚：以对待自己儿女的态度对待子侄。

人之事兄，不可同于事父，何怨爱弟不及爱子乎？是反照而不明也。沛国刘瓛^①，尝与兄瓛连栋隔壁^②，瓛呼之数声不应，良久^③方答；瓛怪问之，乃曰："向来^④未着衣帽故也。"以此事兄，可以免矣。

【注释】

①沛国：属豫州，东汉光武帝建武二十年改沛郡而置，治相县，其辖境相当于今安徽北部、江苏沛县、丰县及河南永城一带。刘瓛（jìn）：《南史·刘瓛（huán）传》载"瓛，字子圭，沛郡相人。笃志好学，博通训义。弟瓛，字子敬，方轨正直，儒雅不及

瓛，而文采过之"。

②连栋隔壁：居处相连，仅隔一墙。

③良久：很久。良，表程度。

④向来：刚才。

江陵①王玄绍，弟孝英、子敏，兄弟三人，特相爱友，所得甘旨新异②，非共聚食，必不先尝，孜孜③色貌，相见如不足者④。及西台陷没⑤，玄绍以形体魁梧，为兵所围；二弟争共抱持⑥，各求代死，终不得解⑦，遂并命⑧尔。

【注释】

①江陵：荆州治所，相当于今湖北省荆州市。

②甘旨：美味的食物。新异：新奇的事物。

③孜（zī）孜：勤勉貌。

④相见如不足者：谓兄弟三人虽然彼此友爱，相处时仍觉得自己所做有所不足。

⑤西台陷没：江陵陷落。《梁书·元帝纪》："承圣元年冬十一月景子，世祖即皇帝位于江陵。三年九月，魏遣柱国万纽、于谨来寇，反者纳魏师，世祖见执，西魏害世祖，遂崩焉。"江陵在西，故曰西台。

⑥抱持：抱住。

⑦解：免除、消除。

⑧并命：相从而死。

【评析】

本章强调了兄弟之间恭谦孝友的相处模式。颜之推认为，分形连气的血脉关系是兄弟伦理关系的基础，兄弟之亲，如形与影、声与响，更甚于夫妻。因此，必须做到兄慈于弟，弟敬于兄。古人讲究在政治生活与家庭生活中都要各正其位，各司其职，故《易·象传》云："父父、子子、兄兄、弟弟、夫夫、妇妇，而家道正，正家而天下定矣。"

兄弟关系是我国古代伦常关系中极重要之一种，尤为儒家教义所重视。《诗·小雅·棠棣》一诗，描绘了先秦儒家伦理观中兄弟、夫妇的亲疏先后。《诗》云："凡今之人，莫如兄弟。"郑玄笺称："人之恩亲，无如兄弟之最厚。"又方玉润《诗经原始》释此："盖良朋妻孥以人而合，而兄弟则以天合。以天合者，虽离而实合；以人合者，虽亲而实疏。故曰：'凡今之人，莫如兄弟。'岂不益信然哉？"诸儒注疏与颜之推《颜氏家训》所重视的一致，均为兄弟之间不可割断的血缘纽带，故钱锺书先生在其著作《管锥编》中总结称："盖初民重'血族'以遗意也。就血胤论之，兄弟，天伦也，夫妇则人伦耳，是以'友于骨肉'之亲当过于'刑于室家'之好。新婚而'如兄如弟'，是结发而如连枝，人合而如大亲也。观《小雅·棠棣》，'兄弟'之先于'妻子'，较然可识。"

治家第五

夫风化^①者，自上而行^②于下者也，自先而施于后者也。是以父不慈则子不孝，兄不友则弟不恭，夫不义则妇不顺矣。父慈而子逆，兄友而弟傲，夫义而妇陵^③，则天之凶民，乃刑戮之所摄^④，非训导之所移^⑤也。

【注释】

①风化：风俗教化。

②行：风行。

③陵：欺侮、欺压。

④摄：通"慑"。使畏惧。

⑤移：改变。

笞怒^①废于家，则竖子^②之过立见；刑罚不中，则民无所措手足^③。治家之宽猛^④，亦犹国焉。

【注释】

①笞怒：鞭笞、责骂。

②竖子：童仆未加冠者。此句出自《吕氏春

秋·荡兵》："家无笞怒，则竖子婴儿之有过也立见。"

③中：合适。措：安放。此句出自《论语·子路》："刑罚不中，则民无所措手足。"

④宽猛：宽大或严厉。《左传·昭公二十年》："子产曰：'惟有德者，能以宽服民；其次莫如猛。夫火烈，民望而畏之，故鲜死焉。水濡弱，民狎而玩之，则多死焉，故宽难。"

孔子曰："奢则不孙，俭则固。与其不孙也，宁固①。"又云："如有周公之才之美，使骄且吝，其余不足观也已②。"然则可俭而不可吝已。俭者，省约为礼之谓也③；吝者，穷急不恤之谓也④。今有施则奢，俭则吝；如能施而不奢，俭而不吝⑤，可矣。

【注释】

①奢则不孙，俭则固。与其不孙也，宁固：出自《论语·述而》。孙，同"逊"，恭顺。固，鄙陋。

②如有周公之才之美，使骄且吝，其余不足观也已：出自《论语·泰伯》。周公，周公旦，姬姓，武王同母弟，有才与德，为周之二伯。

③省约：俭省、节约。

④穷急：穷困急迫。指穷困之人。恤：救济。

⑤施而不奢，俭而不吝：施舍穷困却不奢侈，俭省节约却不吝啬。王昶《家诫》："治家亦有患焉：积而不能散，则有鄙吝之累；积而好奢，则有骄上之罪。大者破家，小者辱身，此二患也。"

生民①之本，要当稼穑②而食，桑麻③以衣。蔬果之畜④，园场之所产；鸡豚之善⑤，埘圈⑥之所生。爰及栋宇器械⑦，樵苏脂烛⑧，莫非种殖⑨之物也。至能守其业者，闭门而为生之具以足⑩，但家无盐井⑪耳。今北土⑫风俗，率能躬俭节用，以赡⑬衣食。江南⑭奢侈，多不逮焉。

【注释】

①生民：人民。

②稼穑（sè）：种植收割。

③桑麻：养蚕纺织。稼穑、桑麻均泛指农业活动。

④畜：积聚的东西。

⑤豚：猪。善：同"膳"，饭食。

⑥埘（shí）圈：鸡窝。

⑦栋宇器械：房屋与工具。

⑧樵苏：柴草。脂烛：古人以麻黄（fén）为烛，灌以脂油，用于照明。后世用牛羊之脂，又或用蜡、用柏、用桦。

⑨种殖：同"种植"。

⑩为生之具：维持生活的必需品。以：同"已"。

⑪盐井：竖井，用于取水煮盐。

⑫北土：北部地区，这里指北朝统治的长江以北区域。

⑬赡（shàn）：供给，使……充足。

⑭江南：南朝统治的长江以南地区，与"北土"相对。

梁孝元①世，有中书舍人②，治家失度，而过严刻③，妻妾遂共货④刺客，伺醉而杀之。

【注释】

①梁孝元：即梁元帝萧绎。侯景乱平后，于江陵即位，在位三年，为西魏所杀。

②中书舍人：官职。《隋书·百官志》："中书省通事舍人，旧入直阁内；梁用人殊重，简以才能，

不限资地，多以他官兼领，其后除通事，直曰中书舍人。"

③严刻：严酷苛刻。

④货：贿赂。

  世间名士^①，但务^②宽仁，至于饮食饟馈^③，僮仆^④减损，施惠然诺^⑤，妻子节量，狎侮^⑥宾客，侵耗^⑦乡党，此亦为家之巨蠹矣^⑧。

【注释】

①名士：天下知名的人。

②务：致力于。

③饟（xiǎng）馈（kuì）：馈赠。饟，同"饷"。

④僮仆：家童、仆人。

⑤施惠然诺：给予他人恩惠，应允他人的请求。然，是。诺，应。

⑥狎侮：轻慢、嬉弄，待人不恭。

⑦侵耗：侵吞克扣。

⑧巨蠹（dù）：大害。蠹，蛀虫。

齐吏部侍郎房文烈，未尝嗔怒^①，经霖雨^②绝粮，遣婢糴^③米，因尔逃窜，三四许日，方复擒之。房徐曰："举家^④无食，汝何处来？"竟无捶挞。尝寄人宅，奴婢彻^⑤屋为薪略尽，闻之颦蹙^⑥，卒无一言。

【注释】

①吏部侍郎：职官名，尚书省吏部曹的长官，负责官员的铨选与调动。房文烈：《北史·房法寿传》载"法寿族子景伯，景伯子文烈，位司徒左长史，性温柔，未尝嗔怒"。

②霖（lín）雨：连绵大雨。《左传·隐公九年》："凡雨自三日以往为霖。"

③糴（dí）：买入谷物。

④举家：全家。

⑤彻：撤去、撤除。

⑥颦（pín）蹙（cù）：皱眉不乐。

裴子野^①有疏亲故属饥寒不能自济者，皆收养之；家素清贫^②，时逢水旱，二石^③米为薄粥，仅得徧^④焉，躬^⑤自同之，常无厌色。邺下有一领军⑥，贪积已甚，家童八百，誓满一千；朝夕每人肴膳，以十五钱为率⑦，遇有客旅，更无以兼。后坐事⑧伏法，籍⑨其家产，麻鞋一屋，弊衣数库，其余财宝，不可胜言。南阳⑩有人，为生奥博⑪，性殊俭吝，冬至后女婿谒之⑫，乃设一铜瓯⑬酒，数脔䴉⑭肉；婿恨其单率⑮，一举尽之。主人愕然⑯，俛仰⑰命益，如此者再；退而责其女曰："某郎好酒，故汝常贫。"及其死后，诸子争财，兄遂杀弟。

【注释】

①裴子野：《南史·裴松之传》载"松之曾孙子野，字几原，少好学，善属文。居父丧，每之墓所，草为之枯，有白兔白鸠，驯扰其侧。外家及中表贫之，所得奉，悉给之，妻子恒苦饥寒"。

②清贫：清寒贫穷。

③石：古代一种计算容量的计量单位。《隋书·律历志》："十黍（shǔ）为絫（lěi）。而五权从此起。十絫为一铢。二十四铢为两。十六两为斤。三十斤为钧。四钧为石。五权谨矣。"

④徧（biàn）：同"遍"，遍及。

⑤躬：亲自、自身。

⑥邺（yè）下：邺城，北齐国都，在今河南省临

漳县境。六朝时人大略称都城所在为某下，如洛下、邺下、吴下等。领军：官名，统率禁军，此处指厍（shè）狄伏连。

⑦率：标准。

⑧坐事：因事获罪。

⑨籍：抄没。

⑩南阳：郡名，属荆州，相当于今河南省南阳市。

⑪奥博：深奥广博。陆机《君子有所思行》："善哉膏粱士，营生奥且博。"白居易《与元九书》："康乐之奥博，多溺于山；泉明之高古，偏放于田园。"

⑫女婿：即女婿。谒（yè）：拜访。

⑬瓯（ōu）：盛酒器。

⑭麞（zhāng）：同"獐"，一种小型鹿类。

⑮单率：简陋草率。

⑯愕（è）然：惊讶的样子。

⑰俛（fǔ）仰：低头抬头，形容时间短暂。俛，同"俯"。

借人典籍，皆须爱护，先有缺坏，就为补治①，此亦士大夫百行②之一也。济阳江禄③，读书未竟④，虽有急速，必待卷束⑤整齐，然后

得起，故无损败，人不厌其求假⑥焉。或有狼籍几案，分散部帙⑦，多为童幼婢妾之所点汙⑧，风雨虫鼠之所毁伤，实为累德⑨。吾每读圣人之书，未尝不肃敬对之；其故纸有《五经》词义，及贤达姓名，不敢秽用⑩也。

【注释】

①补治：修补整理。古人有治书法，《魏书·李业兴传》记载："业兴爱好坟籍，鸠集不已，手自补治，躬加题帖，其家所有，垂将万卷。"

②百行：古时士大夫所奉立身行己之道，共百事，故谓之百行。《诗·卫风·氓》郑玄笺云："士有百行，可以功过相除。至于妇人，无外事，维以贞信为节。"

③济阳：县名，为济阴郡所统，北魏时属西兖州，至北周改曰曹州，位于今河南省开封市兰考县东北一带。江禄：《南史·江夷传》载"禄，字彦遐，幼笃学，有文章，位太子洗马，湘东王录事参军，后为唐侯相，卒"。

④竟：结束、完毕。

⑤卷束：卷起捆束。唐前无镂版书，典籍皆书于绢帛之上。若书有多卷，则分别部居，以数卷为一束，捆扎收纳。

⑥假：借，这里指借入。

⑦部帙（zhì）：古时典籍按照内容分为不同部类。西汉时，刘向父子编纂《七略》，分辑略、六艺略、诸子略、诗赋略、兵书略、数术略、方剂略七部分；西晋武帝时，分图书为甲、乙、丙、丁四部，甲部为经部，包括六艺、小学，乙部为子部，包括诸子、兵书、数术，丙部为史部，包括史记、《皇览》、旧事等，丁部为集部，包括诗赋、图赞与汲冢书；东晋元帝时，对甲、乙、丙、丁四部分类进行了修改，互换乙、丙两部内容；至隋时，在前人的基础上，形成了定型化的经、史、子、集四部分类。帙，用于盛放帛书的套子，即书衣。古人收纳图籍时，将帛书按照部类卷起，放入书衣之中，故以部帙代称书籍。

⑧点汙（wū）：污损、弄脏。

⑨累德：有损德行。《庄子·庚桑楚》："恶欲喜怒哀乐六者，累德也。"成玄英疏："德家之患累也。"

⑩秽用：亵用，用于不敬之事。一本作"他用"。

吾家巫觋①祷请，绝于言议②；符书章醮③亦无祈焉，并汝曹所见也。勿为妖妄④之费。

【注释】

①巫觋（xí）：男、女巫。《国语·楚语下》："明神降之，在男曰觋，在女曰巫。"韦昭注曰："巫、觋，见鬼者，《周礼》男亦曰巫。"

②言议：议论。

③符书：即符箓（lù），指道教官符文书。章醮（jiào）：拜表设祭，道教一种祈祷形式，因类似醮祭之礼而得名。《隋书·经籍志》："又有诸消灾度厄之法，依阴阳五行数术，推人年命，书之如章表之仪，并具贽（zhì）币，烧香陈读，云奏上天曹，请为除厄，谓之上章。夜中于星辰之下，陈设酒果脯、饼饵、币物，历祀天皇太一，祀五星列宿，为书如上章之仪以奏之，名之为醮。"

④妖妄：怪异荒诞。

【评析】

《礼记·大学》有言："古之欲明明德于天下者，先治其国；欲知其国者，先齐其家；欲齐其家者，先修其身；欲修其身者，先正其心；欲正其心者，先诚其意；欲诚其意者，先致其知，致知在格物。"这段话后来分别衍生出士君子"修齐治平"的处事原则与宋明理学"格物致知"的道理逻辑。对于士大夫而言，齐家、治家是由个体修行通向治国、平天下等鸿鹄浩志的阶梯。颜之推的治家一篇，即是强调这一环节的重要性。

"治家之宽猛，亦犹国焉。"古人推崇中庸之道，齐家、治国亦需掌握宽猛之度。颜之推认为，如果治家过宽，则父不父、子不子，子女将怠惰傲慢，以至于频有过失；如果治家太严，又会消磨亲子之间的恩爱之情，因此宽猛得当，方为治家之术。

当然，囿于时代的局限，颜之推并不能客观地认识到女性在家庭以至于社会中的重要地位，因此对女子持家颇有微词；又称妇人性鄙，为家之常弊，不可不慎。在今日看来，这些说法毫无根据，女子亦可参与家国大事之中，并发挥积极作用。因此，在阅读《颜氏家训》时，我们在吸取其中进步思想的同时，也不能忽视它无法摆脱的时代局限性。

卷第二

风操　慕贤

风操第六

吾观《礼经》^①，圣人之教：箕帚匕箸^②，咳唾唯诺^③，执烛沃盥^④，皆有节文^⑤，亦为至矣。但既残缺，非复全书；其有所不载，及世事变改者，学达^⑥君子，自为节度^⑦，相承行之，故世号士大夫风操^⑧。而家门^⑨颇有不同，所见互称长短；然其阡陌^⑩，亦自可知。昔在江南，目能视而见之，耳能听而闻之；蓬生麻中^⑪，不劳翰墨^⑫。汝曹生于戎马之间，视听之所不晓，故聊记录，以传示子孙。

【注释】

①《礼经》：这里指《礼记》。

②箕（jī）帚（zhǒu）：家中洒扫之事。箕，畚（běn）箕；帚，扫帚。这里均作动词使用。《礼记·曲礼上》："凡为长者粪之礼，必加帚与箕上，以袂拘而退，其尘不及长者；以箕自乡而报之。"匕箸（zhù）：食具，汤匙与筷子。《礼记·曲礼上》："饭黍毋以箸。"

③咳唾：咳嗽、吐唾沫。《礼记·内则》："在父母舅姑之所，不敢哕（yuě）噫、嚏（tì）

咳、欠伸、跛（bǒ）倚、睇（dì）视，不敢唾洟（yí）。"唯诺：应答。《礼记·曲礼上》："抠衣趋隅（yú），必慎唯诺；父召无诺，先生召无诺，唯而起。"

④执烛：手持蜡烛。《礼记·少仪》："执烛，不让不辞不歌。"沃盥（guàn）：浇水洗手。《礼记·内则》："进盥，少者奉盘，长者奉水，请沃盥；盥卒，授巾，问所欲而敬进之。"

⑤节文：制定礼仪，节制行为。《礼记·坊记》："礼者，因人之情，而为之节文，以为民坊者也。"

⑥学达：博学通达。

⑦节度：规则。

⑧风操：风度节操。

⑨家门：家庭。

⑩阡陌：途径、路途。张融《门律·自序》："政以属辞多出，比事不羁，不阡不陌，非途非路耳。"

⑪蓬生麻中：蓬草生长在麻杆之间，不需要特意扶直，也可以笔挺生长，强调环境对成长的影响作用。《荀子·劝学》："蓬生麻中，不扶而直。"《大戴礼记》《说苑》与此同。

⑫翰墨：笔墨。

《礼》曰："见似目瞿，闻名心瞿。"①有所感触，恻怆②心眼；若在从容平常之地，幸须申其情耳。必不可避，亦当忍之；犹如伯叔兄弟，酷类③先人，可得终身肠断，与之绝耶？又："临文不讳，庙中不讳，君所无私讳。"④益知闻名，须有消息⑤，不必期于颠沛而走⑥也。梁世谢举⑦，甚有声誉，闻讳必哭，为世所讥。又有臧逢世⑧，臧严⑨之子也，笃学修行，不坠门风；孝元经牧江州⑩，遣往建昌督事⑪，郡县民庶，竞修笺书⑫，朝夕辐辏⑬，几案⑭盈积，书有称"严寒"者，必对之流涕，不省⑮取记，多废公事，物情⑯怨骇，竟以不办⑰而退。此并过事也。

【注释】

①见似目瞿（jù），闻名心瞿：出自《礼记·杂记》。郑玄注曰："似谓容貌似其父母，名与亲同。"

②恻怆（chuàng）：哀伤。

③酷类：十分相似。

④临文不讳（huì），庙中不讳，君所无私讳：作文时、在宗庙中祭祀时、在君主面前时，不必避讳尊亲名字。讳，避讳，指不直言尊亲姓名，另觅他字以

代之。此句出自《礼记·曲礼上》，郑玄注云："君所无私讳，谓臣言于君前，不辟家讳，尊无二；临文不讳，为其失事正；庙中不讳，为有事于高祖，则不讳曾祖以下，尊无二也，于下则讳上。"

⑤消息：斟酌。

⑥颠沛而走：闻讳狼狈而避走之。走，避匿。

⑦谢举：《梁书·谢举传》载"举，字言扬，中书令览之弟，幼好学，能清言，与览齐名"。

⑧臧逢世：臧逢世《南史》无传，其人生平事迹不详。《颜氏家训·劝学》称其精于《汉书》。

⑨臧严：《梁书·文学传》载"臧严，字彦威，幼有孝性，居父忧，以毁闻。孤贫勤学，行止书卷不离于手"。

⑩孝元经牧江州：《梁书·元帝纪》载"大同六年，出为使持节都督江州诸军事、镇南将军、江州刺史"。牧，统治、管理。江州，晋元康元年始设，治所先在豫章，咸康六年后移驻寻阳，辖境相当于今江西省大部分地区。

⑪建昌：江州豫章郡下辖建昌县，在今江西省奉新县西。督事：督查公事。

⑫笺书：文书。

⑬辐辏（còu）：像车辐集中于车毂（gǔ）一样聚集。

⑭几案：案桌。

⑮省（xǐng）：阅览、查看。

⑯物情：即人情，古人多谓人为物。如《国语·周语》"女三为粲，今以美物归汝，而何德以堪之"。

⑰不办：不能。

　　近在扬都①，有一士人讳审，而与沈氏交结周厚②，沈与其书，名而不姓③，此非人情也。

【注释】
①扬都：建康。
②周厚：亲密深厚。
③名而不姓：只称名而不署姓氏。

　　凡避讳者，皆须得其同训①以代换之：桓公名白，博有五皓之称②；厉王名长，琴有修短之目③。不闻谓布帛为布皓，呼肾肠为肾修也。梁武小名阿练④，子孙皆呼练为绢；乃谓销炼⑤物为销绢物，恐乖⑥其义。或有讳云者，呼纷纭为纷烟；有讳桐者，呼梧桐树为白铁树，便似戏笑耳。

①同训：同义词。

②桓公名白，博有五皓之称：齐桓公名小白，所以用同义词皓替代博戏五白中的白。

③厉王名长，琴有修短之目：汉高祖少子名刘长，故以同义词修代替长短之长。琴有修短，史籍无闻，王利器以为乃"胫（jìng）有修短"之误。《庄子·骈（pián）拇》："是故凫（fú）胫虽短，续之则忧；鹤胫虽长，断之则悲。"

④梁武小名阿练：《梁书·武帝纪》载"高祖武皇帝讳衍，字叔达，小字练儿"。

⑤销炼：销熔冶炼。

⑥乖：违反。

周公名子曰禽①，孔子名儿曰鲤②，止在其身，自可无禁。至若卫侯、魏公子③、楚太子，皆名虮虱④；长卿名犬子⑤，王修名狗子⑥，上有连及⑦，理未为通，古之所行，今之所笑⑧也。北土多有名儿为驴驹、豚子者⑨，使其自称及兄弟所名，亦何忍哉？前汉有尹翁归⑩，后汉有郑翁归，梁家亦有孔翁归⑪，又有顾翁宠；晋代有许思妣、孟少孤⑫：如此名字，幸当避之。

【注释】

①周公名子曰禽：《史记·鲁周公世家》载"周公卒，子伯禽固已前受封，是为鲁公"。

②孔子名儿曰鲤：《孔子家语·本姓解》载"十九娶宋之亓（qí）官氏，一岁而生伯鱼。鱼之生也，鲁昭公以鲤鱼赐孔子，孔子荣君之赐，故因名曰鲤，而字伯鱼"。

③魏公子：魏公子或为韩公子之误。《史记·韩世家》："襄王十二年，太子婴死，公子咎、公子虮虱争为太子，时虮虱质于楚。"

④虮（jǐ）虱：虱子与虱子的卵。

⑤长卿名犬子：《史记·司马相如传》载"蜀郡成都人，字长卿。少时，好读书，学击剑，故其亲名之曰犬子"。

⑥王修名狗子：《世说新语·文学》载"许掾（yuàn）年少时，人以比王苟子"。刘孝标注云："苟子，王修小字。"南朝俗字，以苟为狗，故二者通用。颜之推谓王修名狗子，其实即苟子。

⑦上有连及：牵扯到父祖长辈。如司马相如名犬子、王修名狗子，连及父为狗之类。

⑧古之所行，今之所笑：《淮南子·氾（fàn）论训》载"于古为义，于今为笑"。

⑨北土多有名儿为驴驹、豚子者：北朝多有为子孙起名作驴驹、豚子者，如有尹猪子、周驴驹等。驴

驹，小驴。豚子，猪崽。

⑩尹翁归：《汉书·尹翁归传》载"字子兄，平陵人，徙杜陵"。

⑪孔翁归：《梁书·文学传》载"孔翁归，会稽人，工为诗，为南平王大司马府记室"。

⑫许思妣（bǐ）：《世说新语·政事》载"许柳，儿思妣者至佳，诸公欲全之；若全思妣，则不得不为陶全让"。刘孝标注引《许氏谱》曰："永，字思妣。"妣，已故母亲之称。孟少孤：《晋书·隐逸传》载"孟陋，字少孤，武昌人"。

今人避讳，更急①于古。凡名子者，当为孙地②。吾亲识③中有讳襄、讳友、讳同、讳清、讳和、讳禹，交疏造次④，一座百犯，闻者辛苦，无憀赖⑤矣。

【注释】

①急：严格、严厉。

②孙地：为孙辈留有余地。指为儿子起名时，要为孙子辈考虑，使他们不至于因为避讳而难堪。

③亲识：亲朋。

④交疏：交情疏浅之人，一说指书信往来。造

次：轻率、鲁莽。

⑤憀（liáo）赖：依赖、依从。

昔司马长卿慕蔺相如，故名相如[1]，顾元叹慕蔡邕，故名雍[2]，而后汉有朱伥字孙卿[3]，许暹字颜回，梁世有庾晏婴、祖孙登[4]，连古人姓为名字，亦鄙事[5]也。

【注释】

①司马长卿慕蔺（lìn）相如，故名相如：《史记·司马相如传》载"相如既学，慕蔺相如之为人，更名相如"。

②顾元叹慕蔡邕（yōng），故名雍：《三国志·吴书·顾雍传》注引《江表传》，"雍从伯喈（jiē）学，专一清净，敏而易教，伯喈贵异之，谓曰：'卿必成致，今以吾名与卿。'故雍与伯喈同名，由此也"。

③朱伥（chāng）字孙卿：《后汉书·顺帝纪》载"永建元年，长乐少府朱伥为司徒"。注云："朱伥，字孙卿，寿春人也。"

④梁世有庾晏婴、祖孙登：《梁书·文学传》载"少陵王记室仲容幼孤，为叔父泳所养。初为安西

法曹行参军，泳时已贵显，吏部尚书徐勉拟泳子晏婴为官僚，泳垂泣曰：'兄子幼孤，人才粗可，愿以晏婴所忝（tiǎn）回用之'"。《陈书·徐柏阳传》："伯阳与中记室李爽、记室张正见、左户郎贺彻、学士阮卓、黄门郎萧诠、三公郎王由礼、处士马枢、记室祖孙登、比部贺循、长史刘删等为文会之友。"

⑤鄙事：鄙俗琐碎之事。

昔刘文饶不忍骂奴为畜产①，今世愚人遂以相戏，或有指名为豚犊②者：有识傍观，犹欲掩耳③，况当之者乎！

【注释】

①刘文饶不忍骂奴为畜产：《后汉书·刘宽传》载"宽字文饶……尝坐客，遣苍头市酒，迂久大醉而还，客不堪之，骂曰：'畜产！'宽使人视奴，疑必自杀，曰：'此人也，骂言畜产，故吾惧其死也'"。畜产，畜生。

②豚犊：兽崽，即上文所谓"犬子""驴驹""豚子"者。

③掩耳：捂住双耳，表示不忍听。

近在议曹①，共平章百官秩禄②，有一显贵，当世名臣，意嫌所议过厚。齐朝有一两士族文学之人③，谓此贵曰：“今日天下大同④，须为百代典式⑤，岂得尚作关中旧意⑥？明公定是陶朱公⑦大儿耳！”彼此欢笑，不以为嫌。

【注释】

①议曹：掌管谋议的官署部门。曹，局。

②平章：商讨。秩禄：俸禄。

③齐朝：北齐。士族：门阀缙绅之家。

④天下大同：王利器以为此乃颜之推入隋后追忆旧事而言，天下大同指隋一统天下，结束了南北分立的局面。

⑤典式：典范。

⑥作关中旧意：沿袭关中一带的旧规。作……意，指作某想法，为南北朝时期习用语。关中，四关之内，今陕西渭河流域一带。北魏都关中，故北朝承关中旧规已久。

⑦明公：魏晋南北朝时，加明字于称谓之前，表示尊重。陶朱公：范蠡（lǐ）。据《史记·越王勾践世家》记载，范蠡协助越王勾践灭吴后，隐居陶地，自谓陶朱公。父子辛勤，积累甚厚。后范蠡次子因杀人被囚于楚，范蠡欲以黄金千斤救之，其长子贪吝钱

财，致使胞弟被杀。这里指现在隋一统天下，又何必执着于北朝旧规，吝啬于俸禄薄厚呢？

昔侯霸①之子孙，称其祖父曰家公②；陈思王称其父为家父，母为家母③；潘尼④称其祖曰家祖：古人之所行，今人之所笑也。今南北风俗，言其祖及二亲，无云家者；田里猥人⑤，方有此言耳。凡与人言，言己世父⑥，以次第⑦称之，不云家者，以尊于父，不敢家也。凡言姑姊妹女子子⑧：已嫁，则以夫氏称之；在室⑨，则以次第称之。言礼成他族⑩，不得云家也。子孙不得称家者，轻略⑪之也。蔡邕⑫书集，呼其姑姊为家姑家姊；班固⑬书集，亦云家孙：今并不行也。

【注释】

①侯霸：《后汉书·侯霸传》载"霸字君房，河南密人也"。

②称其祖父曰家公：《后汉书·王丹传》载"（王丹）后征为太子少傅，时大司徒侯霸欲与交友，及丹被征，遣子昱（yù）候于道。昱迎拜车下，

丹下答之，昱曰：'家公欲与君结交，何为见拜？'
丹曰：'君房有是言，丹未之许也'"。

③陈思王：曹植。《三国志·魏书·陈思王植
传》："陈思王植，字子建。年十余岁，诵读诗论及
辞赋数十万言，善属文。"称其父为家父，母为家
母：曹植《宝刀赋序》载"家父魏王，乃命有司造
宝刀五枚"。《叙愁赋序》亦称："时家二女弟，
故汉皇帝聘以为贵人，家母见二弟愁思，故令予作
赋曰……"

④潘尼：《晋书·潘尼传》载"岳从子尼。尼
字正叔，祖勖，东海相；父满，平原内史，并以学
行称"。

⑤猥（wěi）人：鄙人，猥俗之人。

⑥世父：伯父。《仪礼·丧服》正义云："伯父
言世者，以其继世者也。"

⑦次第：顺次，指父辈的排行顺序。

⑧女子子：即女子。《仪礼·丧服》注云："女
子子者，女子也，别于男子也。"疏云："男子女
子，各单称子，虽对父母生称；今于女子别加一子，
故双言二子以别于男一子者。"

⑨在室：指女子未婚嫁时。

⑩礼成他族：指女子出嫁以后。

⑪轻略：轻忽、粗略。

⑫蔡邕：《后汉书·蔡邕传》载"蔡邕，字伯

喈，陈留圉（yǔ）人也"。邕有诗赋铭诔百余篇传于世，然今不见呼姑姊为家姑家姊之例。

⑬班固：《后汉书·班固传》载"固字孟坚，年九岁，能属文，诵诗赋。及长，遂博贯载籍，九流百家之言，无不穷究"。今所传班固著作，亦无云家孙者，或已不存。

凡与人言，称彼祖父母、世父母①、父母及长姑，皆加尊字②，自叔父母已下，则加贤字，尊卑之差也。　王羲之③书，称彼之母与自称己母同，不云尊字，今所非也。

【注释】

①世父母：即伯父母。《仪礼·丧服》："世父母，叔父母。"

②皆加尊字：《真诰·握真辅》载"今世呼父为尊，于理乃好，昔时仪多如此也"。

③王羲之：《晋书·王羲之传》载"王羲之，字逸少，司徒导之从子也"。王羲之擅书，尤以行书为长，有"书圣"之美称。

南人冬至岁首①，不诣丧家②；若不修书③，则过节束带④以申慰。北人至岁⑤之日，重行吊礼；礼无明文，则吾不取。南人宾至不迎，相见捧手而不揖⑥，送客下席⑦而已；北人迎送并至门，相见则揖，皆古之道也，吾善其迎揖。

【注释】

①冬至：二十四节气之一，这一天北半球白日最短，黑夜最长。《太平御览·时序部》引《孝经说》："至有三义：一者阴极之至，二者阳气始至，三者日行南至。"岁首：一年之初。

②诣（yì）：到、至。丧家：举丧之家。

③修书：写信。

④束带：整理衣服，表示尊敬。《论语·公冶长》："赤也束带立于朝，可使与宾客言也。"

⑤至岁：冬至、岁首。

⑥捧手：拱手以示尊敬。揖：推手俯身行礼。

⑦下席：离开坐席，表示尊敬。

昔者，王侯自称孤、寡、不穀①，自兹以降，虽孔子圣师，与门人言皆称名也②。后虽有臣、仆之称③，行者盖亦寡焉。江南轻重④，各有谓号⑤，具诸《书仪》⑥；北人多称名者，乃古之遗风，吾善其称名焉。

【注释】

①王侯自称孤、寡、不穀（gǔ）：古帝王自称孤、寡、不穀以示谦逊。老子《德经》："是以侯王自称孤、寡、不穀，此其以贱为本耶！非乎？"《吕氏春秋·士容》注云："孤、寡，谦称也。"

②虽孔子圣师，与门人言皆称名也：孔子名丘，与弟子谈论，皆以名自称。如《论语·公冶长》："左丘明耻之，丘亦耻之。"

③后虽有臣、仆之称：臣、仆皆古人自谦之称。《礼记·礼运》："故仕于公曰臣，仕于家曰仆。"

④轻重：尊卑贵贱之人。

⑤谓号：称谓名号。

⑥《书仪》：旧时士大夫私家关于书札体式、典礼仪注的著作。《隋书·经籍志》载有："《内外书仪》四卷，谢元撰；《书仪》二卷，蔡超撰；又十卷，王宏撰；又十卷，唐瑾撰；又《书仪疏》一卷，周舍撰。"

言及先人，理当感慕①，古者之所易，今人之所难。江南人事不获已②，须言阀阅③，必以文翰④，罕有面论⑤者。北人无何⑥便尔话说，及相访问。如此之事，不可加于人也。人加诸己，则当避之。名位未高，如为勋贵⑦所逼，隐忍方便⑧，速报取了⑨；勿使烦重，感辱祖父。若没⑩，言须及者，则敛容肃坐，称大门中⑪，世父、叔父则称从兄弟门中，兄弟则称亡者子某门中，各以其尊卑轻重为容色⑫之节，皆变于常。若与君言，虽变于色，犹云亡祖亡伯亡叔也。吾见名士，亦有呼其亡兄弟为兄子弟子门中者，亦未为安贴⑬也。北土风俗，都不行此。 太山羊侃⑭，梁初入南⑮；吾近至邺⑯，其兄子肃⑰访侃委曲，吾答之云："卿从门中在梁，如此如此⑱。"肃曰："是我亲第七亡叔⑲，非从也。"祖孝征⑳在坐，先知江南风俗，乃谓之云："贤从弟门中，何故不解？"

【注释】

①感慕：感念仰慕。

②事不获已：无可奈何，情势所逼。

③阀（fá）阅：此处意为家世。

④文翰：文章、书信。

⑤面论：当面评论。

⑥无何：无故、无端、没由来。

⑦勋贵：功臣权贵，有钱有势之人。

⑧隐忍方便：隐忍情绪，随机应变或见机行事。

⑨速报取了：很快地回答他们，使对话尽快结束。

⑩没（mò）：同"殁"（mò），死亡。

⑪大门中：对已故祖父的称呼。古人称家为门，家人亦称门，为家门。如《三国志·吴书·刘繇传》："刘正礼昔初临州，未能自达，实赖尊门，为之先后。"唐人亦有称高祖为高门、曾祖为曾门者。颜之推所言大门中、从兄弟门中、某门中皆为此义。

⑫容色：容貌神色。

⑬安贴：妥帖。

⑭太山羊侃：《梁书·羊侃传》载"羊侃，字祖忻（xīn），泰山梁甫人也"。太、泰通用，太山即泰山。

⑮梁初入南：《梁书·羊侃传》载"侃以大通三年至京师，诏授使持节、散骑常侍、都督瑕丘征讨诸军事、安北将军、徐州刺史"。

⑯邺（yè）：邺城，北齐都城，位于今河北省临漳市。

⑰兄子肃：《魏书·羊深传》载"羊深，字文渊，太山平阳人，凉州刺史祉第二子也。……子肃，武定末仪同、开府、东阁祭酒"。

⑱如此如此：如何如何，省略而言。

⑲亲第七亡叔：魏晋南北朝时期，在亲戚称谓前加"亲"，表示为直系亲属或最亲近之人。

⑳祖孝征：祖珽（tǐng）。《北齐书·祖珽传》："祖珽，字孝征，范阳狄道人也。"

古人皆呼伯父叔父，而今世多单呼伯叔。从父①兄弟姊妹已孤，而对其前，呼其母为伯叔母，此不可避者也。兄弟之子已孤，与他人言，对孤者前，呼为兄子弟子，颇为不忍；北土人多呼为姪。案：《尔雅》《丧服经》《左传》②，姪虽名通男女，并是对姑之称。晋世已来，始呼叔姪；今呼为姪，于理为胜也。

【注释】

①从父：父亲的兄弟，包括伯父与叔父。

②《尔雅》：中国古代最早的辞书之一。《丧服经》：指《仪礼·丧服》。《左传》：旧传为春秋时期左丘明所作，解读《春秋》的文学作品。以上三部作品中，涉及姑姪称呼的有《尔雅·释亲》："女子谓昆弟之子为姪。"《仪礼·丧服》："传曰：姪者何也？谓吾姑者，吾谓之姪。"《左传·僖公十四

年》："姪其从姑。"

　　别易会难[①]，古人所重；江南饯送[②]，下泣言离[③]。有王子侯[④]，梁武帝弟，出为东郡[⑤]，与武帝别，帝曰："我年已老，与汝分张[⑥]，甚以恻怆[⑦]。"数行泪下。侯遂密云[⑧]，赧然[⑨]而出。坐[⑩]此被责，飘飖[⑪]舟渚，一百许日，卒不得去。北间风俗，不屑此事，歧路[⑫]言离，欢笑分首[⑬]。然人性自有少涕泪者，肠虽欲绝，目犹烂然[⑭]；如此之人，不可强责。

【注释】

①别易会难：分别容易相会难。陆机《答贾谧诗》："分索则易，携手实难。"

②饯（jiàn）送：设酒食送别。

③下泣言离：落泪分别。周一良以为此南朝末风习，东晋时犹不以此为尚。

④王子侯：天子及同姓诸侯王之子所封侯者。《汉书·王子侯表》："至于孝武，以诸侯王疆（jiāng）土过制，或替差失轨，而子弟为匹夫，轻重不相准。于是制诏御史：'诸侯王或欲推私恩分子弟邑者，令各条上，朕且临定其名号。'自是支庶毕

侯矣。”

⑤东郡：建康以东之郡，若吴郡、会稽之类。

⑥分张：分别，为六朝人习用语。

⑦恻怆：哀伤。

⑧密云：云密而无雨，比喻强作悲哭之状而无泪。

⑨赧（nǎn）然：羞愧、难为情的样子。

⑩坐：因为、由于。

⑪飖飖（yáo）：漂泊、飘荡。

⑫歧路：岔路。

⑬分首：即分手，首、手古同音通用。

⑭烂然：形容目光炯炯。《世说新语·容止》：“裴令公目王安丰，眼烂烂如岩下电。”

凡亲属名称，皆须粉墨①，不可滥也。无风教者，其父已孤，呼外祖父母与祖父母同，使人为其不喜闻也。虽质于面，皆当加外以别之②；父母之世叔父③，皆当加其次第以别之；父母之世叔母，皆当加其姓以别之；父母之群从世叔父母及从祖父母，皆当加其爵位若姓以别之。河北士人，皆呼外祖父母为家公家母④；江南田里间亦言之。以家代外，非吾所识。

【注释】

①粉墨：修饰。

②虽质于面，皆当加外以别之：即使当着他们的面，也要在称谓前加一"外"字，以区分祖父母与外祖父母。

③世叔父：世父与叔父。世父，即伯父。下文"世叔母"与此同。

④家公家母：卢文弨（chāo）以为"家母"当作"家婆"。古乐府有："阿婆不嫁女，那得孙儿抱。"《北齐书·南阳王绰传》以云："呼嫡母为家家。"

　　凡宗亲①世数，有从父②，有从祖③，有族祖④。江南风俗，自兹已往，高秩⑤者，通呼为尊，同昭穆⑥者，虽百世犹称兄弟；若对他人称之，皆云族人。河北士人，虽三二十世，犹呼为从伯从叔。梁武帝尝问一中土⑦人曰："卿北人，何故不知有族？"答云："骨肉易疏⑧，不忍言族耳。"当时虽为敏对⑨，于礼未通。

【注释】

①宗亲：同宗亲戚。《史记·五宗世家》："同

母者为宗亲。"

②从父：父亲的兄弟，包括伯父与叔父。

③从祖：《尔雅·释亲》载"父之从父晜（kūn）弟为从祖父"。

④族祖：《仪礼·丧服》载"族祖父母者，己之祖父从父晜弟也"。

⑤秩：官秩，官吏的职位、俸禄品级。

⑥昭穆：中国古代宗法制度对宗庙辈分顺次的排列。在宗庙祭祀时，太祖庙居中，太祖以下，父庙居左，子庙居右，居左者为昭，居右者曰穆。天子宗庙有七，太祖一、三昭、三穆；诸侯宗庙有五，太祖一、二昭、二穆；大夫庙三，太祖一、一昭、一穆；士仅一庙。此处云"同昭穆者"，意为同祖宗者。

⑦中土：中原，此中土人指夏侯亶（dǎn）。《梁书·夏侯亶传》记载："宗人夏侯溢为衡阳内史，辞日，亶侍御坐，高祖谓亶曰：'溢于卿疏近？'亶答曰：'是臣从弟。'高祖知溢于亶已疏，乃曰：'卿伧（cāng）人，好不辨族从？'亶对曰：'臣闻服属易疏，所以不忍言族。'时以为能对。"

⑧疎（shū）：同"疏"，疏远。

⑨敏对：应对敏捷。

吾尝问周弘让①曰："父母中外②姊妹，何以称之？周曰："亦呼为丈人。"自古未见丈人之称施于妇人也③。吾亲表④所行，若父属者，为某姓姑；母属者，为某姓姨。中外丈人之妇，猥俗⑤呼为丈母，士大夫谓之王母、谢母⑥云。而《陆机集》有《与长沙顾母书》，乃其从叔母也，今所不行。

【注释】

①周弘让：《陈书·周弘正传》载"（弘正）二弟弘让、弘直。弘让性简素，博学多通。天嘉初，以白衣领太常卿、光禄大夫，加金章紫绶"。

②中外：即中表，内外。

③自古未见丈人之称施于妇人也：清代乾嘉学派学者惠栋以为颜之推此言失考，并举多例以反驳之。如《古诗·为焦仲卿妻作》有"三日断五疋（pǐ），丈人故嫌迟"，此"丈人"乃刘兰芝称呼其婆婆之语；又《汉书·宣元六王传》谓淮阳宪王外王母为丈人。韦昭云："古者，名男子为丈夫，尊妇妪（yù）为丈人。"王充《论衡》亦有类似记载，可见颜之推以为古人无称妇人为丈人之事，实为失考。

④亲表：亲戚。

⑤猥（wěi）俗：俚（lǐ）俗。指民间。粗俗。

⑥王母、谢母：举例而言，犹今日称张三、李四，非实有其人。

齐朝士子，皆呼祖仆射①为祖公，全不嫌有所涉也②，乃有对面以相戏者。

【注释】

①祖仆射（yè）：即祖珽。《北齐书·后主纪》："（武平三年二月）庚寅，以左仆射唐邕为尚书令，侍中祖珽为左仆射。"仆射，官名，为尚书省属官，地位仅次于尚书令。

②全不嫌有所涉也：其时称祖父为公，呼祖珽为祖公，与祖父称呼雷同。

古者，名以正体，字以表德①，名终则讳之②，字乃可以为孙氏③。孔子弟子记事者，皆称仲尼④；吕后微时，尝字高祖为季⑤；至汉爰种，字其叔父曰丝⑥；王丹⑦与侯霸子语，字霸为君房⑧；江南至今不讳字也。河北士人全不辨之，名亦呼为字，字固呼为字。尚书王元景⑨兄弟，皆号名人，其父名云，字罗汉^⑩，一皆讳之^⑪，其余不足怪也。

【注释】

①名以正体，字以表德：名用来端正行为，字用来表征德行。

②名终则讳之：尊长死后，要对他的名进行避讳。《左传·桓公六年》称："周人以讳事神，名终将讳之。"

③字乃可以为孙氏：长辈的字可以作为孙辈的姓氏沿用下去，此举春秋战国时期习见。

④孔子弟子记事者，皆称仲尼：孔子弟子作《论语》，记录先师言行，称孔子为仲尼。如《论语·子张》："仲尼不可毁也。"

⑤吕后微时，尝字高祖为季：吕后微贱时，以刘邦的字季称呼他。《史记·高祖本纪》："高祖怪问之，吕后曰：'季所居上常有云气，故从往，常得季。'"

⑥至汉爰种，字其叔父曰丝：《汉书·爰盎传》载"盎字丝，其父楚人也。……徙为吴相，辞行，种谓盎曰：'吴王骄日久，国多奸（jiān），今丝欲刻治，彼不上书告君，则利剑刺君矣。南方卑湿，丝能日饮亡何，说王毋反而已，如此幸得脱'"。如淳注

曰："种称叔父字曰丝。"

⑦王丹：《后汉书·王丹传》载"王丹，字仲回，京兆下邽（guī）人也"。

⑧字霸为君房：见"称其祖父曰家公"条注。

⑨王元景：《北齐书·王昕（xīn）传》载"王昕，字元景，北海剧人"。

⑩其父名云，字罗汉：《魏书·王宪传》载"祖念弟云，字罗汉，颇有风尚"。

⑪一皆讳之：谓遇云、罗汉皆行避讳。

  《礼间传》①云："斩缞②之哭，若往而不反；齐缞③之哭，若往而反；大功④之哭，三曲而偯⑤；小功缌麻⑥，哀容可也，此哀之发于声音也。"《孝经》⑦云："哭不偯⑧。"皆论哭有轻重质文之声也。礼以哭有言者为号；然则哭亦有辞也。江南丧哭，时有哀诉之言耳；山东⑨重丧，则唯呼苍天，期功⑩以下，则唯呼痛深，便是号而不哭。

【注释】

①《礼间传》：即《礼记·间传》。

②斩缞（cuī）：旧时五种丧服中最重者，服期三

年。丧服上为衰、缞，下曰裳，斩缞为生麻布制成的丧服，衣旁与下边不缝缉（qī）。

③齐缞：五种丧服中仅次于斩缞者，服期一年。丧服以熟麻布为之，断处皆缝缉。

④大功：五种丧服中次于齐缞者，服期九月。丧服以熟布为之，布较齐缞为细，较小功为粗。

⑤三曲：哭泣之音一声三折。偯（yǐ）：余声。郑玄云："三曲，一举声而三折也。偯，声余从也。"

⑥小功：五种丧服中次于大功者，服期五月。丧服以熟布为之，布较大功为细，较缌麻为粗。缌（sī）麻：五种丧服中最末者，服期三月，所用熟布最细。

⑦《孝经》：中国古代儒家十三经之一，主要阐述孝道与孝治思想，为历代统治者所重视。

⑧哭不偯：《孝经·丧亲》载"子曰：'孝子之丧亲也，哭不偯，礼无容，服美不安，闻乐不乐，食旨不甘，此哀戚之情也'"。

⑨山东：指河北。

⑩期功：齐缞与大、小功。期，指期服，一年之丧；功，即大功与小功。

江南凡遭重丧，若相知者，同在城邑，三日不吊①则绝之；除丧②，虽相遇则避之，怨其不己悯③也。有故及道遥者，致书可也；无书亦如之。北俗则不尔④。江南凡吊者，主人之外，不识者不执手；识轻服⑤而不识主人，则不于会所⑥而吊，他日修名⑦诣其家。

【注释】

①吊（diào）：同"吊"，追悼、慰问。

②除丧：除去丧服，指丧期结束。

③不己悯：倒装句式，即"不悯己"，不怜悯自己。

④尔：如此。

⑤轻服：丧服中较轻的几种，如大功、小功、缌麻。

⑥会所：治丧之所。

⑦名：名刺，拜访时通报姓名所用的名片。

阴阳说云："辰为水墓，又为土墓，故不得哭①。"王充《论衡》②云："辰日不哭，哭必重丧③。"今无教者，辰日有丧，不问轻重，举家清谧④，不敢发声，以辞吊客。道书又曰："晦歌朔哭，皆当有罪，天夺其算⑤。"丧家朔望⑥，哀感弥深，宁当惜寿，又不哭也？ 亦不谕⑦。

【注释】

①辰为水墓，又为土墓，故不得哭：辰日既为水墓，又是土墓。此为阴阳家择墓理论，《五行大义·论生死所》对此有所解释。

②王充：《后汉书·王充传》载"王充，字仲任，会稽上虞人也"。《论衡》：王充代表作，共八十五篇，主要内容为对当时流行的儒术、谶（chèn）纬言论学说进行辨析与评价。

③辰日不哭，哭必重丧：见《论衡·辩祟》。

④清谧：清静。

⑤晦歌朔哭，皆当有罪，天夺其算：《抱朴子·微旨》载"抱朴子曰：'按《易·内戒》及《赤松子经》及《河图记命符》皆云：天地有司过之神，随人所犯轻重，以夺其算。大者夺纪——纪者三百日也，小者夺算——算者三日也。若乃越井跨灶，晦歌朔哭，凡有一事，辄是一罪，随事轻重，司命夺其算纪'。

⑥朔望：朔日与望日。朔日为农历每月初一日，望日为农历每月十五日。

⑦谕：同"喻"，理解。

　　偏傍①之书，死有归杀②。子孙逃窜，莫肯在家③；画瓦④书符，作诸厌胜⑤；丧出之日，门前然⑥火，户外列灰⑦，被送家鬼⑧，章断注连⑨：凡如此比，不近有情，乃儒雅之罪人，弹议⑩所当加也。

【注释】

①偏傍：旁门左道。

②死有归杀：古人以为，人死后一段时间，灵魂会回到他生时之家，这种灵魂归家的想象被称为归煞。杀，俗字作"煞"。

③子孙逃窜，莫肯在家：承上句"死有归杀"而言，谓为了躲避归煞，子孙们逃窜在外，谁也不肯回家。

④画瓦：图画瓦片以镇邪祛恶。

⑤厌（yā）胜：巫术的一种，或简称"厌"，指利用咒术制服、压倒所厌恶的邪魔或人、物。如《史记·高祖本纪》记载："秦始皇帝常曰：'东南有天子气，于是因东游以厌之。'"又如《史记·封禅书》云："越俗，有火灾，复起屋，必以大，用胜

服之。"

⑥然：同"燃"。

⑦户外列灰：俗以为鬼魅怕灰，故在房门外放置苇灰，以驱除鬼魅。《艺文类聚》引《庄子》云："插桃枝于户，连灰其下，童子入而不畏，而鬼畏之，是鬼智不如童子也。"

⑧祓（fú）送：祭送。家鬼：指祖考死后的魂灵。

⑨章断注连：指制作文书以奏上天，祈求断绝亡者对生人的殃祸、影响。古人认为，人死后，其魂灵犹作祟子孙，因此通过上章的方式，祈求断绝亡者与生人之间的联系，令生人上属皇天，亡者下归黄泉，彼此不相联系。

⑩弹议：弹劾、议论。

己孤，而履岁及长至①之节，无父，拜母、祖父母、世叔父母、姑、兄、姊，则皆泣；无母，拜父、外祖父母、舅、姨、兄、姊，亦如之：此人情也。

【注释】

①履岁：即元旦。长至：冬至。

江左朝臣，子孙初释服①，朝见二宫②，皆当泣涕；二宫为之改容③。颇有肤色充泽④，无哀感者，梁武薄其为人，多被抑退⑤。裴政出服⑥，问讯⑦武帝，贬瘦枯槁⑧，涕泗滂沱，武帝目送之曰："裴之礼不死也⑨。"

【注释】

①释服：丧期已满，除去丧服。

②二宫：天子与太子。

③改容：动容。

④充泽：丰润。

⑤抑退：抑止斥退。

⑥裴政：《北史·裴政传》载"裴政，字德表，河东闻喜人也"。出服：同"释服"。

⑦问讯：僧人相见问候的一种礼节，指僧人相见时，合掌弯腰，口致问候之词。因梁武帝笃信佛教，故裴政以僧人礼节问候武帝。

⑧贬瘦枯槁：瘦削憔悴。

⑨裴之礼不死也：裴之礼为裴政之父，生性纯孝。母亲亡故，居丧尽礼，惟食麦饭；其父墓前，松柏森郁。裴政居丧，哀毁骨立，亦同其父，故武帝称"裴之礼不死也"。

二亲既没，所居斋寝①，子与妇弗忍入焉。北朝顿丘李构②，母刘氏，夫人亡后，所住之堂，终身镶闭③，弗忍开入也。夫人，宋广州刺史④纂之孙女，故构犹染江南风教。其父奖，为扬州刺史，镇寿春⑤，遇害。构尝与王松年⑥、祖孝征数人同集谈宴。孝征善画，遇有纸笔，图写为人。顷之，因割鹿尾，戏截画人以示构，而无他意。构怆然⑦动色，便起就马而去。举坐惊骇，莫测其情。祖君寻⑧悟，方深反侧⑨，当时罕有能感此者。吴郡陆襄⑩，父闲被刑⑪，襄终身布衣蔬饭，虽姜菜有切割，皆不忍食；居家惟以掐摘供厨。江宁姚子笃⑫，母以烧死，终身不忍啖炙⑬。豫章熊康⑭，父以醉而为奴所杀，终身不复尝酒。然礼缘人情，恩由义断，亲以噎死，亦当不可绝食也。

【注释】

①斋寝：斋戒时所居住的房屋。

②顿丘：两汉属东郡，魏属阳平，晋武帝泰始二年分淮阳置顿丘郡，顿丘县遂划入顿丘郡，其位置在今河南省清丰县附近。李构：《北史·李奖传》载"（奖）子构，字祖基，少以方正见称，袭爵武邑

郡公"。

③鏁（suǒ）闭：即锁闭。鏁，同"锁"。

④刺史：官名，初为郡县监察官员，后权力扩大，逐渐成为地方军事、行政长官。

⑤寿春：县名，属扬州，即今安徽省寿县一带。

⑥王松年：《北齐书·王松年传》载"王松年少知名，文襄临并州，辟为主簿，累迁通直散骑常侍，副李纬使梁"。

⑦怆然：悲伤的样子。

⑧寻：不久、随即。

⑨反侧：睡卧不安。

⑩吴郡：东汉分会稽郡钱塘江以西部分立吴郡，治所位于吴县，即今江苏省苏州市。陆襄：《南史·陆襄传》载"襄，字师卿，厥第四弟也。本名衰，字赵卿，有奏事者误为襄，梁武帝乃改为襄，字师卿"。

⑪父闲被刑：陆襄父陆闲，永元末年任扬州别驾。时扬州刺史、始安王萧遥光反，陆闲虽未预谋逆，仍受牵连，遭到诛杀。

⑫江宁：县名，位于今江苏省南京市。姚子笃：其人其事不详。

⑬啗（dàn）：吃。炙（zhì）：烤熟的肉。

⑭豫章：属扬州，郡治为南昌县，相当于今江西省北部地区。熊康：其人其事不详。

《礼经》：父之遗书，母之杯圈，感其手口之泽，不忍读用①。政②为常所讲习，雠校缮写③，及偏加服用④，有迹可思者耳。若寻常坟典⑤，为生什物⑥，安可悉废之乎？既不读用，无容散逸⑦，惟当缄保⑧，以留后世耳。

【注释】

①父之遗书，母之杯圈，感其手口之泽，不忍读用：《礼记·玉藻》载"父没而不能读父之书，手泽存焉尔；母没而杯圈不能饮焉，口泽之气存焉尔"。杯圈，木质饮器。

②政：通"正"。

③雠校：校对。缮（shàn）写：抄写。

④服用：即用，古人谓用曰服。

⑤坟典：原指三皇五帝之书，上古典籍，后泛指书籍。孔安国《尚书序》："伏羲、神农、黄帝之书，谓之三坟；少暤（hào）、颛（zhuān）顼（xū）、高辛、唐、虞之书，谓之五典，言常道也。"

⑥什物：生活用品。

⑦散逸：散失亡佚。

⑧缄（jiān）保：封存。

思鲁①等第四舅母，亲吴郡张建女也，有第五妹，三岁丧母。灵床②上屏风，平生旧物，屋漏沾湿，出曝晒③之，女子一见，伏床流涕。家人怪其不起，乃往抱持④，荐席⑤淹渍，精神伤怛⑥，不能饮食。将以问医，医诊脉云："肠断矣！"因尔便吐血，数日而亡。中外怜之，莫不悲叹。

【注释】

①思鲁：颜思鲁，颜之推长子。

②灵床：供奉亡者灵位的桌子。

③曝（pù）晒：暴露在阳光下照晒。

④抱持：搂抱。

⑤荐席：垫席。古人席地而坐，将竹筵（yán）铺在地上，再在上边铺一层席子。

⑥伤怛（dá）：悲伤痛苦。

《礼》云："忌日不乐①。"正以感慕罔极②，恻怆无聊，故不接外宾，不理众务耳。必能悲惨自居，何限于深藏也？世人或端坐奥室③，不妨言笑，盛营甘美，厚供斋食④；迫有急卒⑤，密戚⑥至交，尽无相见之理：盖不知礼意乎！

【注释】

①忌日不乐：《礼记·祭义》载"君子有终身之丧，忌日之谓也。忌日不用，非不祥也，言夫日志有所至，而不敢尽其私也"。

②罔（wǎng）极：无极、无穷尽。

③奥室：深隐之室。

④斋食：斋戒时吃的清淡食物。

⑤卒：同"猝"。

⑥密戚：关系密切的至亲。

魏世王修母以社日①亡；来岁②社日，修感念哀甚，邻里闻之，为之罢社。今二亲丧亡，偶值伏腊分至之节③，及月小晦④后，忌之外，所经此日，犹应感慕，异于余辰，不预饮宴、闻声乐及行游也。

【注释】

①王修：《三国志·魏书·王修传》载"王修，字叔治，北海营陵人也"。社日：立春后第五日为春社，立秋后第五日为秋社。

②来岁：明年。

③伏：伏祭之日，从夏至秋有三伏，初伏、中伏与末伏。腊：腊祭之日。古人信奉五德终始说，以其德盛之日为祖，衰日为腊。如汉为火德，火衰于戌，即以戌日为腊。魏晋南北朝各以其德类推之。分：春分、秋分。至：夏至、冬至。以上均为时令节气之日。

④月小晦：六朝以亡者去世之月为忌月，月晦为每月的最后一天。若忌月只有二十九天，则称月小之晦日。

　　刘绍、缓、绥①，兄弟并为名器②，其父名昭③，一生不为照字，惟依《尔雅》火旁作召耳④。然凡文与正讳⑤相犯，当自可避；其有同音异字，不可悉然。刘字之下，即有昭音⑥。吕尚之儿，如不为上⑦；赵壹之子，傥不作一⑧：便是下笔即妨，是⑨书皆触也。

【注释】

①刘绍（tāo）、缓、绥（suí）：《南史·刘昭传》载"（刘昭）子绍，字言明，亦好学，通三礼，位尚书祠部郎，著《先圣本纪》十卷行于世。绍

弟缓，字含度，为湘东王中录事，性虚远，有气调，风流迭宕，名高一府，常云不须名位，所须衣食。不用身后之誉，唯重目前知见"。史书未载刘昭有子名绥，则绥当为衍文。

②名器：知名之士。

③其父名昭：《南史·刘昭传》载"刘昭，字宣卿，平原高唐人，晋太尉寔（shí）九世孙也"。

④《尔雅》火旁作召耳：《尔雅·释虫》载"萤火即炤（zhào）"。

⑤正讳：指人的正名，同音字、偏旁部首中含有当避之字或与之同音字者，不在其中。

⑥刘字之下，即有昭音：刘字，古作劉（zhāo），其字卯下为刉。刉即钊，与昭同音。

⑦吕尚之儿，如不为上：尚与上同音异字，如果避讳宽泛，那么吕尚之字行文说话当避上字。吕尚，即姜太公。《史记·齐世家》："太公望吕尚者，东海上人。"

⑧赵壹之子，傥不作一：壹与一同音异字，赵壹之子若处处避讳，则凡遇一字，皆当避之。赵壹，《后汉书·赵壹传》载"赵壹，字元叔，汉阳西县人也"。

⑨是：凡是。

尝有甲设宴席，请乙为宾；而旦于公庭见乙之子，问之曰："尊侯早晚①顾宅？"乙子称其父已往，时以为笑②。如此比例③，触类④慎之，不可陷于轻脱⑤。

【注释】

①尊侯：对他人父亲的尊称。早晚：何时。

②时以为笑：乙的回答为人所笑，是因为下文所称的"陷于轻脱"。甲问乙父何时来访，乙不假思索而轻言已往，失于轻佻、草率，故成为时人笑柄。

③比例：与所举之例类似的人或事。

④触类：接触类似之事。

⑤轻脱：轻佻、草率。

江南风俗，儿生一期①，为制新衣，盥浴装饰，男则用弓矢纸笔，女则刀尺针缕②，并加饮食之物，及珍宝服玩，置之儿前，观其发意③所取，以验贪廉愚智，名之为试儿④。亲表聚集，致宴享焉。自兹已后，二亲若在，每至此日，尝有酒食之事耳。无教之徒，虽已孤露⑤，其日皆为供顿⑥，酣畅声乐，不知有所感伤。梁孝元年少之时，每八月六日载诞之辰⑦，常设斋讲⑧；自阮修容薨殁⑨之后，此事亦绝。

【注释】

①一期：一周年。

②刀尺针缕：剪刀、尺子、针线。

③发意：表现心意。

④试儿：即今之抓周。孩子出生满一周岁，将各种物品摆放在他的面前，观察幼儿所取，以推测其长大后的志向。

⑤孤露：幼而丧亲，身体瘦弱。

⑥供顿：提供饮食。

⑦载诞之辰：生日。

⑧斋讲：佛教徒讲经、宣法的集会。

⑨阮修容：梁元帝萧绎的生母。《梁书·后妃传》："高祖阮修容，讳令嬴（yíng），本姓石，会稽余姚人也。齐始安王萧遥光纳焉。遥光败，入东昏宫。建康城平，高祖纳为采女。天监六年八月，生世祖，寻拜为修容。"薨（hōng）殁：指贵族去世。

人有忧疾，则呼天地父母①，自古而然。今世讳避，触途②急切。而江东士庶，痛则称祢③。祢是父之庙号，父在无容称庙，父殁何容辄呼？《苍颉篇》有㑖字④，《训诂》⑤云："痛而謼也，音羽罪反⑥。"今北人痛则呼之。《声类》音于耒反⑦，今南人痛或呼之。此二音随其乡俗，并可行也。

【注释】

①人有忧疾，则呼天地父母：人有忧患疾病，就哀呼天地父母。《史记·屈原列传》："夫天者，人之始也，父母者，人之本也，人穷则反本；故劳苦倦极，未尝不呼天也，疾痛惨怛，未尝不呼父母也。"

②触途：各处。

③祢（nǐ）：奉祀亡父的宗庙，亦指对在宗庙中立牌位的亡父的称呼。刘盼遂以为此处当为"姒（nǐ）"，姒为母之俗字，人穷则呼母，古今不异。

④《苍颉（jié）篇》：旧传为秦丞相李斯所撰，为古代启蒙识字之书。㑖（yáo）：呻吟、痛呼之声。

⑤《训诂》：指《苍颉训诂》。据《汉书·艺文志》记载，扬雄、杜林有《训纂（zuǎn）》，杜林又有《苍颉故》。训诂为小学的一种，主要用于解释文章中字句的含义，这里为解释《苍颉篇》中字句的注疏性文章。

⑥謼（hū）：同"呼"。音羽罪反：反即反切，

古人用以注音的方式之一，通常写作某某反。取上字的声母与下字的韵母、声调，将三者拼合，从而得到被注之字的读音。

⑦《声类》：为三国时曹魏人李登所撰记载声韵之书。耒（lěi）：古代一种形似木叉的农具，此处只取读音，意义并不重要。

梁世被系劾①者，子孙弟侄，皆诣阙三日②，露跣③陈谢；子孙有官，自陈解职。子则草屩麤衣④，蓬头垢面，周章⑤道路，要候⑥执事，叩头流血，申诉冤枉。若配徒隶⑦，诸子并立草庵⑧于所署门，不敢宁宅⑨，动经旬日⑩，官司⑪驱遣，然后始退。江南诸宪司弹⑫人事，事虽不重，而以教义见辱者，或被轻系而身死狱户者⑬，皆为怨雠⑭，子孙三世不交通⑮矣。到洽为御史中丞⑯，初欲弹刘孝绰⑰，其兄溉⑱先与刘善，苦谏不得，乃诣刘涕泣告别而去。

【注释】

①系劾：囚禁论罪。

②诣（yì）阙：奔赴京城。诣，到。阙，宫门、

城门两侧的高台建筑，代指都城、朝廷。

③露跣（xiǎn）：露出发髻，不穿鞋子。跣，光脚。

④草屩（juē）：草鞋。麤（cū）衣：粗衣。

⑤周章：惊惧惶恐，四处周流。

⑥要候：等候、迎候。要，同"邀"。

⑦配：发配。徒隶：奴隶、劳役。

⑧草庵（ān）：草屋。

⑨宁宅：安居。

⑩旬日：十天。亦指较短的一段时间。

⑪官司：官府。

⑫宪司：御史，古时监察人员中的一种，负责监督朝廷官吏，弹劾、举报官员的过失。弹：弹劾。

⑬轻系：因轻罪而被拘系。狱户：牢狱。

⑭怨雠：仇敌。

⑮交通：交往通讯。

⑯到洽：《梁书·到洽传》载"到洽，字茂沇（yán），彭城武原人也。……（普通）六年，迁御史中丞，弹纠无所顾望，号为劲直，当时肃清"。御史中丞：官名，为御史台长官，负责纠察弹劾百官过失。

⑰刘孝绰：《梁书·刘孝绰传》载"刘孝绰，字孝绰，彭城人，本名冉"。到洽弹刘孝绰事，见《梁书》本传。史籍记载，二人曾同游东宫，彼此友善，

刘孝绰自以为才学优于到洽，故鄙薄其文，两人渐生嫌隙。后刘孝绰为廷尉正，携妾入官府，时到洽为御史中丞，以此弹之，刘孝绰因此免官。

⑱兄溉：指到洽兄到溉。《梁书·到溉传》："到溉，字茂灌，彭城武原人。"

兵凶战危①，非安全之道。古者，天子丧服以临师②，将军凿凶门而出③。父祖伯叔，若在军阵，贬损④自居，不宜奏乐谶会⑤及婚冠吉庆事也。若居围城之中，憔悴容色，除去饰玩⑥，常为临深履薄⑦之状焉。父母疾笃，医虽贱虽少，则涕泣而拜之，以求哀也。梁孝元在江州，尝有不豫⑧；世子方等亲拜中兵参军李猷焉⑨。

【注释】

①兵凶战危：《汉书·晁（cháo）错传》载"兵，凶器；战，危事也。以大为小，以强为弱，在俛仰之间耳"。

②师：军队。

③将军凿凶门而出：《淮南子·兵略训》载"乃爪鬋（jiǎn），设明衣也，凿凶门而出"。凶门，北门。将军以丧礼出此门，表示必死的决心，故称此门

为凶门。

④贬损：降低、贬抑。

⑤谦（yàn）会：即宴会，会聚宴饮。

⑥饰玩：装饰、玩好。

⑦临深履薄：形容谨慎小心的样子。《诗·小雅·小旻（mín）》："战战兢（jīng）兢，如临深渊，如履薄冰。"

⑧不豫：天子患病曰不豫。

⑨世子方等：《梁书·太宗十一王列传》载"忠壮世子方等，字实相，世祖长子也，母曰徐妃"。中兵参军：官名，两晋南北朝时，诸公、军府自置僚属官员，中兵参军即为其一，掌管兵曹诸事。李猷（yóu）：其人不详，据上下文推断，当精通医术，故梁元帝患病，其子萧方等曾亲自拜求李猷。

四海之人，结为兄弟，亦何容易。必有志均义敌①，令终如始者，方可议之。一尔②之后，命子拜伏，呼为丈人，申父友之敬③；身事彼亲，亦宜加礼。比见北人，甚轻此节，行路相逢，便定昆季④，望年观貌，不择是非，至有结父为兄、讬子为弟者。

①志均义敌：志向相投，道义相合。

②一尔：如此。

③父友之敬：古时习俗，若与人友善，则拜其亲，像对待自己双亲一样尊敬友人的父母。

④昆季：兄弟长幼。昆为长，季为幼。

昔者，周公一沐三握发，一饭三吐餐，以接白屋之士，一日所见者七十余人①。晋文公以沐辞竖头须，致有图反之诮②。门不停宾③，古所贵也。失教之家，阍寺④无礼，或以主君寝食嗔怒⑤，拒客未通，江南深以为耻。黄门侍郎⑥裴之礼，号善为士大夫，有如此辈，对宾杖之；其门生⑦僮仆，接于他人，折旋俯仰⑧，辞色⑨应对，莫不肃敬，与主无别也。

【注释】

①周公一沐三握发，一饭三吐餐，以接白屋之士，一日所见者七十余人：见《荀子·问尧》《史记·鲁世家》等。周公旦每次洗头发，都要多次停下来，握住未干的头发，迎接前来投奔的有道贤人；每次吃饭，都要多次吐掉嘴里的餐饭，迫不及待地去接

待来访的贫寒之士，每天要接待七十多人。沐、饭，此处均作动词，指洗头、吃饭。白屋之士，贫寒之人。白屋，指平民居住的白盖茅草屋。

②晋文公以沐辞竖头须，致有图反之诮（qiào）：见《左传·僖公二十四年》。春秋时期，晋国有一位名头须的小臣，负责看守宫中财物。晋文公重耳出逃时期，头须窃取了这些财物，用它们迎重耳归国掌权。重耳掌权后，头须求见，重耳以自己正在洗头为借口拒绝了他。于是，头须对待奉重耳的仆从说："洗头发的时候，因为姿势的原因心是倒过来的，心倒过来就会思维混乱，怪不得君主不愿意接见我呢。"竖，小臣。诮，讥讽。颜之推举周公、晋文公为例，从正反两方面论述了礼贤下士的重要性。

③门不停宾：殷勤待客，形容宾客络绎不绝。

④阍（hūn）寺：掌管宫禁门户的阍人，这里泛指守门人。

⑤嗔（chēn）怒：生气。

⑥黄门侍郎：官名，在黄门之内侍奉皇帝，传达诏令，协助天子处理政务，为皇帝近臣。

⑦门生：门下侍奉之人。

⑧折旋：即"折还"，为曲行之义，古时行礼动作。俯仰：低头抬头，泛指一举一动。

⑨辞色：言辞和神色。

【评析】

《荀子·修身》云："人无礼则不生，事无礼则不成，国无礼则不宁。"可见，在古代儒家士人心目中，礼是修身齐家的基础，是国家得以安定富足、帝王事业可以长治久安的不二法门。颜之推自幼饱受儒学的熏陶，在教育子女时，自然也将礼教视为重中之重。

风操篇中谈及的避讳、丧葬、父母称谓、离别饯送等，看起来仅仅是琐碎而不足道的内容，其实都是抽象之礼的具象化表现。颜之推不厌其详地向子孙后辈反复诉说这些内容，要求他们以儒家的礼义传统为标准，立身行己，从而达成修齐治平的理想抱负。

值得注意的是，颜之推本人并非纯儒之士。他的思想受到玄学、佛家与道家等多元化因素的影响，但在风操篇中，儒家的礼教观压倒了玄佛思想，占据着主导性的地位。这点从颜之推论丧葬礼仪便可窥见一斑。

颜之推要求自己的子孙践行儒家对丧葬礼节的要求，丧期之内，不饮酒、不作乐，以哀毁过度、形销骨立为尚。而在玄佛流行的魏晋南北朝，另有一种不拘礼法、旷达行事的名士作风。《世说新语·任诞》记载："阮籍当葬母，蒸一肥豚，饮酒二斗，然后临诀，直言穷矣。都得一号，因吐血，废顿良久。"阮籍母亲逝世而不废酒肉，甚至在晋文王司马昭的宴席上喝酒吃肉，毫不避讳。这样的行为自然引起当时礼法之士的不满，同在宴席上坐着的何曾就不满阮籍的做法，建议以孝治天下的晋文王将阮籍流放，以正风俗教化。晋文王却拒绝了何曾的建议，认为阮籍虽然不废酒肉，但是神情憔悴，形体羸弱，这正是思恋亡母、哀毁过礼的表现。阮籍此举并非不孝，而是大孝，因此不仅不应该对他进行惩戒，反而更应该担心他的身体，监督他不要因过于哀伤而损耗精气。在当时部分风流名士心中，儒家繁复的礼节条文，其实正是本真之礼丧失的表现，因此要绝圣弃智，逍遥行事。儒、玄两家对礼的看法大相径庭，身为博学通达之士，颜之推在教子时仍然选择坚持儒家学说，取法三《礼》，可见其门风受儒学影响之深。

慕贤第七

古人云："千载一圣，犹旦暮也；五百年一贤，犹比髆也。"①言圣贤之难得，疏阔②如此。傥遭不世明达君子③，安可不攀附景仰之乎④？吾生于乱世，长于戎马，流离播越⑤，闻见已多；所值名贤，未尝不心醉魂迷向慕之也。人在少年，神情未定，所与款狎⑥，熏渍陶染⑦，言笑举动，无心于学，潜移暗化，自然似之；何况操履⑧艺能，较明易习者也⑨？是以与善人居，如入芝兰之室，久而自芳也；与恶人居，如入鲍鱼之肆，久而自臭也⑩。墨子悲于染丝⑪，是之谓矣。君子必慎交游焉。孔子曰："无友不如己者。"⑫颜、闵之徒⑬，何可世得！但优于我，便足贵之。

【注释】

①古人云："千载一圣，犹旦暮也；五百年一贤，犹比髆（bó）也"：形容圣贤难得，虽然千百年才诞生一位，却好像朝夕之间那么快，好像摩肩接踵那么多。《文选·答苏武书》李善注引《孟子》曰："千年一圣，五百年一贤，贤圣未出，其中有命世

者。"《鹖（yù）子》曰："王道衰微，暴乱在上，贤士千里而有一人，则犹比肩也。"髆，肩膀。

②疏阔：疏远、久远。

③不世：罕有。明达：通达。

④攀附：依附。扬雄《法言·渊骞》："攀龙鳞，附凤翼。"景仰：仰慕、向往。《诗·小雅·车辖（xiá）》："高山仰止，景行行止。"

⑤播越：流离失所。曹操《薤（xiè）露行》："播越西迁移，号泣而且行。"

⑥款狎：亲近、亲昵。

⑦熏渍陶染：谓熏炙、渐渍、陶冶、濡染，均谓受到影响。

⑧操履：操行、品行。

⑨较明：明显、明白。也：同"耶"，表示疑问。

⑩与善人居，如入芝兰之室，久而自芳也；与恶人居，如入鲍鱼之肆，久而自臭也：强调环境对人潜移默化的影响。其说本自《说苑·杂言》："孔子曰：'与善人居，如入兰芷之室，久而不闻其香，则与之化矣；与恶人居，如入鲍鱼之肆，久而不闻其臭，亦与之化矣。'"肆，店铺。

⑪墨子：名翟（dí），春秋战国之际思想家、政治家，墨家的创始人，主张兼爱、非攻、尚同、节用等理论。悲于染丝：出自《墨子·所染》"子墨子见染丝者而叹曰：'染于苍则苍，染于黄则黄，所入

者变，其色亦变，五入而已则为五色矣：故染不可不慎也。'"

⑫孔子曰："无友不如己者"：出自《论语·学而》。友，以……为友。

⑬颜、闵之徒：颜渊、闵子骞等人，为孔子弟子。《史记·仲尼弟子列传》："颜回者，鲁人也，字子渊。闵损，字子骞。"

世人多蔽，贵耳贱目①，重遥轻近②。少长周旋③，如有贤哲，每相狎侮，不加礼敬；他乡异县，微藉风声④，延颈企踵⑤，甚于饥渴。校其长短，覈其精麤⑥，或彼不能如此矣。所以鲁人谓孔子为东家丘⑦，昔虞国宫之奇，少长于君，君狎之，不纳其谏，以至亡国⑧，不可不留心也。

【注释】

①贵耳贱目：更重视道听途说的事情，而轻视亲眼所见的现实。张衡《东京赋》："若客所谓，末学肤受，贵耳而贱目者也。"

②重遥轻近：对远方之人、事更加看重，而忽视自己身边的人、事。《汉书·扬雄传》："凡人贱近

而贵远。"

③少长：从小到大，指成长过程中。周旋：交往、打交道。

④风声：风教、声誉。《尚书·毕命》："树之风声。"孔安国传谓："立其善风，扬其善声。"

⑤延颈企踵（zhǒng）：伸长脖颈，抬起脚跟。形容仰慕或盼望之切。《汉书·萧望之传》有："天下之士，延颈企踵。"踵，脚后跟。

⑥覈（hé）：同"核"。精麤：即"精粗"。

⑦鲁人谓孔子为东家丘：苏轼《代书答梁先诗》注引《孔子家语》"鲁人不识孔子圣人，乃曰：'彼东家丘者，吾知之矣'"。

⑧虞国宫之奇，少长于君，君狎之，不纳其谏，以至亡国：见《左传·僖公五年》。虞国宫之奇，年龄略长于虞公，因此虞公对他较为轻慢，并不尊敬。后晋献公欲攻打虢（guó）国，向虞公借道，宫之奇以唇亡齿寒为喻劝诫虞公，认为虞、虢两国彼此依存，晋国若灭虢国，必将危及虞国。虞公因轻视宫之奇而没有遵从他的建议，晋国在消灭虢国后班师的途中，果然也攻打并消灭了虞国。

用其言，弃其身①，**古人所耻。凡有一言**

一行，取于人者，皆显称之，不可窃人之美，以为己力②；虽轻虽贱者，必归功焉。窃人之财，刑辟③之所处；窃人之美，鬼神之所责。

【注释】

①用其言，弃其身：利用别人的成果，却抛弃这个人。《左传·定公九年》："郑驷歂（chuǎn）杀邓析，而用其竹刑。君子谓子然于是乎不忠，用其道，不弃其人。"《韩非子·说难》："说之以厚利，则阴用其言显弃其身矣。"

②窃人之美，以为己力：谓将他人功劳据为己有。《左传·僖公二十四年》："窃人之财，犹谓之盗；况贪天之功，以为己力乎？"

③刑辟：刑律。

梁孝元前在荆州①，有丁觇者，洪亭民耳②，颇善属文③，殊工草隶④；孝元书记⑤，一皆使之。军府⑥轻贱，多未之重，耻令子弟以为楷法⑦，时云："丁君十纸，不敌王褒⑧数字。"吾雅爱其手迹⑨，常所宝持。孝元尝遣典签惠编送文章示萧祭酒⑩，祭酒问云："君王比赐书翰⑪，及写诗笔⑫，殊为佳手⑬，姓名为谁？ 那得都无声问⑭？"编以实答。子云叹曰："此人后生无比，遂⑮不为世所称，亦是奇事。"于是闻者少复刮目⑯。稍仕至尚书仪曹郎⑰，末为晋安王侍读⑱，随王东下。及西台陷殁⑲，简牍湮散⑳，丁亦寻卒于扬州；前所轻者，后思一纸，不可得矣。

【注释】

①梁孝元前在荆州：《梁书·元帝纪》载"普通七年，出为使持节、都督荆、湘、郢、益、宁、南梁六州诸军事、西中郎将、荆州刺史"。荆州，包括今湖南、湖北一带，治所为江陵。

②丁觇（chān）：生平事迹不详，据《法书要录》记载其颇善隶书，又梁元帝《金楼子·著书》载，元帝命丁觇著《梦书》。洪亭：《江陵记》有洪亭村，疑此洪亭即江陵县洪亭村。

③属（zhǔ）文：撰写文章。

④草隶：草书与隶书。

⑤书记：文件缮写。

⑥军府：六朝时期，有名望权势者多自建府邸，设置府中官员。因其时梁元帝都督六州诸军事，故其所开之府称军府。

⑦楷法：习字者以为模范。

⑧王褒：《周书·王褒传》载"王褒，字子渊，琅琊临沂人也"。王褒擅长书法，当世知名，故时人以为丁觇手迹不如王褒数字宝贵。

⑨手迹：墨迹，亲笔所书的字、画。

⑩典签：官名，掌管文书工作。因南朝多以幼少皇子坐镇州郡，典签多选亲近之人担任，故权力较大，并不限于简单的文书工作。萧祭酒：即萧子云，南朝齐豫章王萧嶷之子，王褒姑父，亦善书法。祭酒，官名，有博士祭酒、军事祭酒、州府祭酒等，一般指某类职务的首席官员。

⑪君王：即梁元帝萧绎。书翰：书信。

⑫诗笔：泛指文章作品。六朝时诗、笔相对，诗指有韵之文，如诗、骈文、赋等，笔则指不押韵的文章。

⑬佳手：一把好手。

⑭那得：何得，怎么能。声问：声誉、名望。

⑮遂：终。

⑯刮目：另眼相待。《三国志·吴书·吕蒙传》裴松之注引《江表传》："蒙曰：'士别三日，即更刮目相待。'"

⑰尚书仪曹郎：尚书省官名，主要负责礼乐制度。

⑱晋安王：即梁简文帝萧纲。《梁书·简文帝

纪》："太宗简文帝讳纲，字世缵（zuǎn），小字六通，高祖第三子，昭明太子母弟也。……（天监）五年，封晋安王。"侍读：官名，负责陪伴皇子读书，或为其讲学。

⑲西台陷殁：指承圣三年，西魏攻陷江陵，弑元帝之事。西台，即江陵。《资治通鉴》胡三省注云："江陵在西，故曰西台。"

⑳湮（yān）散：埋没散佚。

侯景①初入建业，台门②虽闭，公私草扰③，各不自全。太子左卫率羊侃坐东掖门④，部分经略⑤，一宿皆办，遂得百余日抗拒凶逆。于时，城内四万许⑥人，王公朝士，不下一百，便是恃侃一人安之，其相去如此。古人云："巢父、许由⑦，让于天下；市道小人，争一钱之利。"亦已悬矣。

【注释】

①侯景：《南史·贼臣侯景传》载"侯景，字万景，魏之怀朔镇人也"。侯景为南朝梁时贼臣，屡行叛逆之事。太清二年，侯景秘密联结萧梁宗室萧正德，举兵反叛，攻打建康；三年春，攻陷台城。

②台门：即台城门。东晋南朝谓皇宫禁城为台城，台门即指建康宫门。

③草扰：仓促纷乱。

④太子左卫率：官名，统领精兵，宿卫太子所居之东宫。东掖门：台城南面最正中之门名端门，其左右两侧之门各名东掖门、西掖门。

⑤部分：部署处分。经略：安排谋划。

⑥许：左右，为不定数词。

⑦巢父、许由：皆古之隐士。《高士传》云："巢父者，尧时隐人也，山居不营世利，年老以树为巢而寝其上，故时人号曰巢父。尧之让许由也，由以告巢父，巢父曰：'汝何不隐汝形，藏汝光？若非吾友也。'"《高士传》又载："许由，字武仲，阳城槐里人也。……尧让天下于许由……由不欲闻之，洗耳于颍（yǐng）水滨。"此古人语或出自华谭之口。《晋书·华谭传》载华谭答人之问，曰："昔许由、巢父，让天子之贵；市道小人，争半钱之利：此之相去，何啻（chì）九牛毛也！"

　　齐文宣帝①即位数年，便沉湎纵恣②，略无纲纪③；尚能委政尚书令杨遵彦④，内外清谧⑤，朝野晏如⑥，各得其所，物无异议，终天保⑦之朝。

遵彦后为孝昭^⑧所戮，刑政于是衰矣。斛律明月齐朝折冲之臣^⑨，无罪被诛，将士解体^⑩，周人始有吞齐之志，关中至今誉之。此人用兵，岂止万夫之望^⑪而已也！国之存亡，系其生死。

【注释】

①齐文宣帝：高洋。《北齐书·文宣帝纪》："显祖文宣皇帝，讳洋，字子进，高祖第二子，世宗之母弟。"

②纵恣（zì）：肆意放纵。

③纲纪：法纪法度。

④委政：把政治权柄托付给某人。尚书令：官名，尚书省长官，负责管理天下文书并传递王命。尚书省在南朝掌握枢机，其长官拥有实际权力，地位类似于宰相。杨遵彦：《北齐书·杨愔（yīn）传》载"杨愔，字遵彦，小名秦王，弘农华阴人"。

⑤清谧：清静、安宁。

⑥晏如：安然的样子。

⑦天保：北齐文宣帝高阳在位期间第一个年号。

⑧孝昭：高演。《北齐书·孝昭帝纪》："孝昭皇帝演，字延安，神武皇帝第六子，文宣皇帝之母弟也。"

⑨斛（hú）律明月：《北齐书·斛律光传》载

"光，字明月，少工骑射，以武艺知名"。折冲之臣：忠勇之臣。折冲，本义指使敌人的战车折返撤退，延伸指制敌取胜。

⑩解体：分崩离析。

⑪万夫之望：众望所归。《易·系辞》："君子知微知彰，知柔知刚，万夫之望。"

　　张延隽之为晋州行台左丞①，匡维②主将，镇抚疆场，储积器用③，爱活黎民，隐若敌国④矣。群小⑤不得行志，同力迁之；既代之后，公私扰乱，周师一举，此镇先平。齐亡之迹，启于是矣。

【注释】

①张延隽（jùn）：《资治通鉴》载"先是，晋州行台左丞张延隽，公直勤敏，储偫（zhì）有备，百姓安业，疆场无虞诸嬖（bì）幸恶而代之，由是公私烦扰"。行台左丞：官名，为行台省尚书左丞的省称，负责在外都督诸军，行尚书事。

②匡维：匡正维护。

③器用：兵器、农具等器物。

④隐若敌国：形容威重可以和国家相匹敌。

⑤群小：众小人在君侧者。

【评析】

《论语·述而》记载孔子告诫弟子之语，称："三人行，必有我师焉。择其善者而从之，其不善者而改之。"由此可见，在中国古代儒家士人的观念中，择友是一项非常重要的活动。

颜之推首先强调了朋友对主体的影响。正如大家耳熟能详的"孟母三迁"的故事，人生活在什么样的环境中，就会受到什么样的影响。交友亦是如此，儒家强调"以文会友，以友辅仁"，以君子为友可以帮助自身培养仁德的品行；与之相对，结交鸡鸣狗盗之徒则会对自己的人格有所损害。

除了择善而从外，颜之推着重提及了世人在交友时常犯的一种错误，即"贵耳贱目，重遥轻近"，常常花费力气追求道听途说的、遥远的"偶像"，而忽视身边的仁人君子。久居芝兰之室，则不闻其芳；久处鲍鱼之肆，则不闻其臭，在寻找志同道合的友人时，其实不需要将目光放得过于遥远，发现身边好友可供自己学习之处，才更为重要。

最后，颜之推举了很多君臣猜忌的例子，来证明君臣之友的重要性。从臣子的角度讲，要敢于直言君主的过失，友于君即忠于君；从君主的角度讲，"友行，以尊贤良"，友于臣就是要选贤举能，尊重、任用贤良臣子。只有做到君臣友敬，才能更好地治理国家，保障社会长治久安。

卷第三

勉学

自古明王圣帝，犹须勤学，况凡庶①乎！此事徧②于经史，吾亦不能郑重③，聊举近世切要，以启寤④汝耳。士大夫子弟，数岁已上，莫不被教，多者或至《礼》《传》⑤，少者不失《诗》《论》⑥。及至冠婚⑦，体性⑧稍定；因此天机⑨，倍须训诱。有志尚者，遂能磨砺，以就素业⑩；无履立⑪者，自兹堕慢⑫，便为凡人。人生在世，会当⑬有业：农民则计量耕稼，商贾⑭则讨论货贿，工巧则致精器用，伎艺则沈思法术⑮，武夫则惯习弓马，文士则讲议经书。多见士大夫耻涉农商，差务工伎，射则不能穿札⑯，笔则才记姓名，饱食醉酒，忽忽⑰无事，以此销日，以此终年。或因家世余绪⑱，得一阶半级⑲，便自为足，全忘修学；及有吉凶大事，议论得失，蒙然张口⑳，如坐云雾㉑；公私宴集，谈古赋诗，塞默㉒低头，欠伸㉓而已。有识旁观，代其入地㉔。何惜数年勤学，长受一生愧辱哉！

【注释】

①凡庶：凡人。

②徧（biàn）：同"遍"，普遍、遍及。

③郑重：频繁。

④启寤（wù）：启发开悟。寤，同"悟"。

⑤《礼》：谓《礼经》。《传》：谓春秋三《传》，即《公羊》《穀梁》《春秋》三传。

⑥《诗》：《诗经》。《论》：《论语》。

⑦冠婚：加冠与结婚。古代男子二十行加冠礼，表示成人。

⑧体性：体质，体与性同义。《国语·楚语上》云："且夫制邑若体性焉，有首领股肱，至于手拇毛脉。"

⑨天机：自然之性。

⑩素业：清素之业。

⑪履立：操履树立、操守。

⑫堕慢：惰怠不敬。堕，同"惰"。

⑬会当：应当、该当，为内心预期之语。

⑭商贾（gǔ）：商人。

⑮伎艺：手工艺者与体力劳动者。《文选·思玄赋》李善注引旧注谓："手伎曰伎，体才曰艺。"沈思：即沉思，沈与"沉"通。

⑯札：铠甲上用皮革或金属做的叶片。

⑰忽忽：迷惑、愁乱的样子。《文选·高唐赋》李善注曰："悠悠，远貌；忽忽，迷貌。言人神悠悠然远，迷惑不知所断。"

⑱余绪：流传给后世的部分，这里指父祖辈的荫庇。

⑲得一阶半级：阶、级谓官职、爵位的品级。魏晋南朝选官实行九品中正制，在各级州郡设立中正官，考察当地的人才，以九品对其进行分级，并将结果上呈中央，由中央量才授爵。分级的标准较为复杂，其中有家世一条，尤其重视父祖辈的仕宦情况。因此，在这一时期，父祖历任高官者，更容易获得清要职位。

⑳蒙然：迷惑懵懂的样子。张口：张口结舌。

㉑如坐云雾：头脑糊涂，无知不解。《世说新语·赏誉》："王仲祖、刘真长造殷中军谈。谈竟，俱载出，刘谓王曰：'渊源可真。'王曰：'卿故堕其云雾中。'"

㉒塞默：默不作声，如口塞之状。

㉓欠伸：疲倦时打哈欠、伸懒腰。

㉔入地：钻进地里，形容自惭、羞愧。

　　梁朝全盛之时，贵游子弟①，多无学术，至于谚云："上车不落则著作，体中何如则秘书②。"无不熏衣剃面③，傅粉施朱④，驾长檐车⑤，跟高齿屐⑥，坐棋子方褥⑦，凭斑丝隐囊⑧，列器玩于左右，从容出入，望若神仙。明经⑨求第，则顾人答策⑩；三九公宴⑪，则假手⑫赋诗。

当尔之时，亦快士[13]也。及离乱之后，朝市[14]迁革。铨衡[15]选举，非复曩[16]者之亲；当路[17]秉权，不见昔时之党。求诸身而无所得，施之世而无所用。被褐而丧珠[18]，失皮而露质[19]，兀若枯木，泊若穷流[20]，鹿独[21]戎马之间，转死沟壑[22]之际。当尔之时，诚驽材[23]也。有学艺者，触地[24]而安。自荒乱已来，诸见俘虏。虽百世小人，知读《论语》《孝经》者，尚为人师；虽千载冠冕[25]，不晓书记者，莫不耕田养马。以此观之，安可不自勉耶？若能常保数百卷书，千载终不为小人也。

【注释】

①贵游子弟：王公子弟。《抱朴子·崇教》："贵游子弟，生乎深宫之中，长乎妇人之手，忧惧之劳，未尝经心，或未免于襁褓之中，而加青紫之官，才胜衣冠，而居清显之位。"

②著作：著作郎，掌编纂国史、起居注等。秘书：秘书郎，掌管国家图书的收藏、整理、校对等。东晋南朝，著作郎与秘书郎官品不高，但为清显之职，故多作为世家弟子步入仕途的起家之官。《初学记》记载："秘书郎与著作郎，自置以来，多起家之选，在中朝或以才授，江左多仕贵游，而梁世尤甚，

当时谚曰：'上车不落为著作，体中何如则秘书。'言其不用才也。"

③熏衣：燃香料熏衣，使衣带香气。剃面：刮脸。

④傅粉施朱：修饰打扮，指女子修饰容貌之举，汉末以来，男子亦以之为风尚。傅粉，在脸上涂粉，使面白。施朱，涂抹胭脂。

⑤长簷（yán）车：即通幔车，车顶帷幔能够覆盖住全部车身的车子。簷，同"檐"。

⑥高齿屐（jī）：木鞋的一种，鞋底有齿，类似于今日的钉子鞋。

⑦棊（qí）子方褥：一种方形坐褥，以方格为图案。

⑧斑丝隐囊：杂色丝线织成的圆形靠枕。

⑨明经：古代选举官员的考试科目之一，主要考察应选者的德行及对经国之道的理解。《汉旧仪》记载："刺史举民有茂才者，移名丞相，丞相考召，取明经一科，明律令一科，能治剧一科，各一人。"

⑩顾：雇佣。答策：古时选择官员，择取时政、经义等问题向他们提问，通过应选者的回答评判高下，应试者的对答被称为答策。

⑪三九：三公九卿的简称，指显要高官。公宴：臣下在公家侍宴。

⑫假手：利用别人为自己做某事，这里指请人代

为作诗作赋。

⑬快士：佳士。快，佳、好。

⑭朝市：朝廷。

⑮铨衡：考核、选拔。

⑯曩（nǎng）：从前、过去。

⑰当路：掌权、当政。《孟子·公孙丑上》："夫子当路于齐。"赵岐注称："如使夫子得当仕路于齐，而可以行道，管夷吾、晏婴之功，宁可复兴乎？"

⑱被褐（hè）而丧珠：虽然穿着粗布做的衣服，却没有怀纳珠玉。此句为用典，老子《道德经》言："圣人被褐怀玉。"颜之推所讥讽之人，虽然穿着和圣人一样的外衣，拥有相似的外在，却丢失了圣人怀中的珠玉，无法拥有其内在。

⑲失皮而露质：把他们披着的外衣揭开，其本质就显露出来了。此句为用典，扬雄《法言·吾子》云："羊质而虎皮，见草而说，见豺而战，忘其皮之虎也。"

⑳兀若枯木，泊若穷流：像枯树一样光秃秃的毫无生机，像干涸的河水一样枯竭见底。本自陆机《文赋》："兀若枯木，豁若涸流。"兀，同"杌（wù）"，光秃之义。泊，寂泊、空虚。

㉑鹿独：颠沛流离。

㉒转死：死而丢尸。沟壑（hè）：山沟。

113

㉓驽材：愚钝之人。

㉔触地：无论何地。

㉕冠冕：冠族、仕宦之家。古代受有爵命才可以佩戴冠冕，故借指仕宦之人。

夫明《六经》①之指，涉百家②之书，纵不能增益德行，敦厉③风俗，犹为一艺，得以自资。父兄不可常依，乡国不可常保，一旦流离，无人庇廕④，当自求诸身耳。谚曰："积财千万，不如薄伎在身。"伎之易习而可贵者，无过读书也。世人不问愚智，皆欲识人之多，见事之广，而不肯读书，是犹求饱而懒营馔⑤，欲暖而惰裁衣也。夫读书之人，自羲、农⑥已来，宇宙之下，凡识几人，凡见几事，生民⑦之成败好恶，固不足论，天地所不能藏，鬼神所不能隐也。

【注释】

①《六经》：《易》《尚》《诗》《礼》《乐》《春秋》。

②百家：原指春秋战国时期流行的诸子学说，后

泛指各种各样的学术流派。

③敦厉：勉励。

④庇廕（yìn）：即庇荫，为庇护之义。廕，同"荫"。

⑤嬾（lǎn）：同"懒"。 营馔（zhuàn）：做饭。馔，饭菜。

⑥羲：伏羲。农：神农。二者均为上古帝王。

⑦生民：人民。

　　有客难主人曰①："吾见强弩长戟②，诛罪安民，以取公侯者有矣；文义习吏，匡时富国，以取卿相③者有矣；学备古今，才兼文武，身无禄位，妻子饥寒者，不可胜数，安足贵学乎？"主人对曰："夫命之穷达④，犹金玉木石也；修以学艺，犹磨莹⑤雕刻也。金玉之磨莹，自美其鑛璞⑥，木石之段块，自丑其雕刻；安可言木石之雕刻，乃胜金玉之鑛璞哉？不得以有学之贫贱，比于无学之富贵也。且负甲⑦为兵，咋笔⑧为吏，身死名灭者如牛毛，角立⑨杰出者如芝草；握素披黄⑩，吟道咏德⑪，苦辛无益者如日蚀⑫，逸乐名利者如秋荼⑬，岂得同年

115

而语⑭矣。且又闻之：生而知之者上，学而知之者次⑮。所以学者，欲其多知明达⑯耳。必有天才，拔群出类，为将则闇与孙武、吴起同术⑰，执政则悬得管仲、子产之教⑱，虽未读书，吾亦谓之学矣⑲。今子即不能然，不师古之踪迹，犹蒙被而卧耳。"

【注释】

①有客难主人曰：颜之推自设宾主，非真有其人。客提问诘（jié）难，主人进行回答，以阐述自己的观点。难，诘难、问难。

②弩：古代冷兵器的一种，为装有臂的弓。戟（jǐ）：古代冷兵器的一种，长柄顶端有类似枪的尖角，旁边附有月牙形的锋刃。

③卿相：执政的高官。

④穷达：困顿或通达。

⑤磨莹：打磨使光亮。

⑥矿（kuàng）璞（pú）：未经冶炼雕刻的金玉。矿，同"矿"，未经冶炼的金矿。璞，未被打磨的玉石。

⑦负甲：身披铠甲。

⑧咋（zé）笔：咬着笔杆。古时文人构思时常轻咬笔杆，故以此代称操笔、执笔。

⑨角立：卓著出群，似角之特立。

⑩握素披黄：勤于写作，用心校勘，泛指认真读书。素，古代用于书写书籍的绢素。黄，黄卷，用黄蘗（niè）染成的卷轴。素与黄均指书籍。

⑪吟道咏德：李善注《文选·啸赋》"虚无无形者谓之道，化育万物谓之德"。

⑫日蚀：日蚀不常有，比喻少见之事。

⑬秋荼（tú）：荼至秋则花叶繁密，比喻繁多。荼，一种苦菜。

⑭同年而语：犹同日而语，形容相提并论。

⑮生而知之者上，学而知之者次：天生富有智慧知晓众事的人是天才，通过后天学习而明白事理的人要次一等。本句出自《论语·季氏》："孔子曰：'生而知之者，上也；学而知之者，次也；困而学之者，又其次也；困而不学，民斯为下矣。'"

⑯知：同"智"，智慧。明达：通达。

⑰闇（àn）：暗合，恰巧。孙武：春秋时期著名军事家。《史记·孙子吴起列传》："孙子武者，齐人也，以兵法见于吴王阖闾。"吴起：战国初期著名军事家。《史记·孙子吴起列传》："吴起者，卫人也，好用兵，尝学于曾子，事鲁君。"孙武、吴起二人均以兵法见长，故称人善于用兵，则以此二人为标杆。

⑱悬：预计、揣测。管仲：春秋时期齐桓公

之相，曾辅佐桓公九合诸侯，成为五霸之一。《史记·管晏列传》："管仲夷吾者，颍上人也。……管仲既用任政于齐，齐桓公以霸，九合诸侯，一匡天下，管仲之谋也。"子产：春秋时期郑国大夫，著名政治家。《史记·循吏列传》："子产者，郑之列大夫也。郑昭君之时，以所爱徐挚为相，国乱，上下不亲，父子不和。大宫子期言之君，以子产为相。为相一年，竖子不戏狎，斑白不提挈（qiè），僮子不犁畔。二年，市不豫贾（gǔ）。三年，门不夜关，道不拾遗。四年，田器不归。五年，士无尺籍，丧期不令而治。"

⑲吾亦谓之学矣：语出《论语·学而》"虽曰未学，吾必谓之学也"。

人见邻里亲戚有佳快①者，使子弟慕而学之，不知使学古人，何其蔽也哉？世人但知跨马被甲，长矟②强弓，便云我能为将；不知明乎天道，辩乎地利③，比量④逆顺，鉴达兴亡之妙也。但知承上接下，积财聚谷，便云我能为相；不知敬鬼事神，移风易俗⑤，调节阴阳⑥，荐举贤圣之至也。但知私财不入，公事夙办，便云我能治民；不知诚己刑物⑦，执辔如组⑧，反风灭火⑨，化鸱为凤⑩之术也。但知抱令守律，早刑晚舍⑪，便云我能平狱⑫；不知同辕观罪⑬，分剑追财⑭，假言而奸露⑮，不问而情得之察⑯也。爰及农商工贾，厮役⑰奴隶，钓鱼屠肉，饭⑱牛牧羊，皆有先达，可为师表，博学求之，无不利于事也。

【注释】

①佳快：佳胜，优异之人。

②矟（shuò）：同"槊"，古代冷兵器的一种，杆较长的矛。

③天道、地利：《孙子·始计》载"天者，阴阳寒暑时制也。地者，远近险易广狭生死也"。

④比量：较量、比较。

⑤移风易俗：改变旧的风俗习惯。《孝经》云："移风易俗，莫善于乐。"

⑥调节阴阳：《汉书·陈平传》载"宰相者，上佐天子，理阴阳，顺四时，下遂万物之宜"。

⑦诚己刑物：自己做到端正真诚，成为他人的楷模。刑，同"型"，为人楷模。

⑧执辔（pèi）如组：手执缰绳，就像编织丝带一样。比喻善于为政，御民有方。《诗·邶风·简兮》："有力如虎，执辔如组。"毛传云："御众有

文章，言能治众，动于近，成于远也。"辔，缰绳。

⑨反风灭火：用刘昆善于为政之典。《后汉书·儒林传》记载，刘昆任江陵令，郡县连年失火，刘昆向火叩头，常能降雨止风，扑灭火势。后迁弘农太守，虎皆负子渡河。其善于为政如此。

⑩化鸮为凤：用仇览为政以德之典。《后汉书·循吏传》记载，仇览任蒲亭长期间，一位名叫陈元的男子不孝顺母亲。其母拜访仇览，诉说自己的遭际。仇览遂拜访陈元，为他讲述人伦孝行。在仇览的教导下，陈元一改往日作风，终成孝子。故乡人编造谚语，称赞仇览为政以德，谚云："父母何在在我庭，化我鸱（shī）鸮（xiāo）哺所生。"鸱，猫头鹰一类的鸟，一般多指恶人。

⑪早刑晚舍：早上判刑，晚上便赦免他。

⑫平狱：公正断案。

⑬同辕（yuán）观罪：或为用《左传·成公十七年》郤（xì）犨（chōu）与长鱼矫争夺土地，利用权势将长鱼矫及其父母妻子一并逮捕，锁在同一车辕上示众之典。王利器谓此典与颜之推文义相去甚远，不知是否别有所本。辕，车前驾牲畜的直木或曲木，压在车轴上，伸出车舆的前端。

⑭分剑追财：用何武断剑之典。《太平御览》引《风俗通》记载，西汉时期，沛郡有一豪富老者，重病缠身，膝下仅一儿一女。儿子年岁尚幼，女儿虽

长，但性情顽劣。老人将全部家产留给了女儿，但将其中一柄宝剑留给了儿子，要求女儿代为保管而已，并嘱咐道：等我的儿子十五岁了，要把这柄剑还给他。等到儿子十五岁后，老者的女儿、女婿却因为贪鄙，拒绝将宝剑交付弟弟。何武知道了这件事后，认为剑有决断之意，老者让儿子年满十五后讨要宝剑，是因为十五岁后，儿子已经自立成人，懂得寻求县官的帮助，而县官定能领悟自己遗嘱的意思，代为决断。在考量了女儿、女婿的人格行迹后，何武果断将老者的遗产全部判给了儿子，做到了宝剑所代表的决断。

⑮假言而姦（jiān）露：用李崇判断亲生父子之典。《魏书·李崇传》记载，寿春人苟泰有一三岁小子，为人所拐卖，流离在外多年，后被发现养在同县人赵奉伯之家。二人都坚持孩子是自己的，争执不下，难以决断。李崇下令将苟泰、赵奉伯与孩子分开，彼此不许互通音讯。一段时间后，李崇诈称小儿已经病死，赵奉伯表现得无动于衷，苟泰却嚎啕大哭，悲不自胜。李崇由此得知，苟泰才是孩子的亲生父亲，并将孩子还给了他。

⑯不问而情得之察：用陆云巧捕凶犯之典。《晋书·陆云传》记载，陆云为浚仪令的时候，有一人被杀，不知凶手是谁。陆云命人将死者的妻子抓捕拘禁起来，却并未进行审问。十天后，陆云放死者的妻子离开，令人悄悄跟随她，并嘱咐道：不出十里，定有

男子等候并与她讲话，将这二人一并抓来。实际情况果然不出陆云所料，经过审问，那位男子果然就是凶手。他与死者的妻子私通，二人便合谋杀害了死者。听到死者的妻子被放了出来，便在这儿等着，向她询问情况。县民得知此事后，皆谓陆云断案如神。

⑰厮（sī）役：奴仆杂役。

⑱饭：喂养牲畜。

　　夫所以读书学问，本欲开心明目，利于行耳。未知养亲者，欲其观古人之先意承颜①，怡声下气②，不惮劬劳③，以致甘腖④，惕然惭惧⑤，起而行之⑥也；未知事君者，欲其观古人之守职无侵⑦，见危授命⑧，不忘诚谏⑨，以利社稷，恻然自念，思欲效之也；素骄奢者，欲其观古人之恭俭节用，卑以自牧⑩，礼为教本，敬者身基，瞿然⑪自失，敛容抑志也；素鄙吝⑫者，欲其观古人之贵义轻财，少私寡欲⑬，忌盈恶满⑭，赒⑮穷恤匮，赧然悔耻，积而能散⑯也；素暴悍者，欲其观古人之小心黜⑰己，齿弊舌存⑱，含垢藏疾⑲，尊贤容众⑳，苶然㉑沮丧，若不胜衣㉒也；素怯懦者，欲其观古人之达生委命㉓，强毅正直，立言必信㉔，求福不回㉕，勃然奋厉，不可恐慑也：历兹以往，百行皆然。纵不能淳，去泰去甚㉖。学之所知，施无不达。世人读书者，但能言之，不能行之，忠孝无闻，仁义不足；加以断一条讼，不必得其理；宰千户县㉗，不必理其民㉘；问其造屋，不必知楣横而棁竖也㉙；问其为田，不必知稷早而黍迟也㉚；吟啸谈谑㉛，讽咏㉜辞赋，事既优闲，材增迂诞，军国经纶㉝，略无施用㉞：故为武人俗吏㉟所共嗤诋，良由是乎！

【注释】

①先意承颜：不等父母说明意愿，子女就要顺应他们的心意去行动。《礼记·祭义》："曾子曰：'君子之所谓孝者，先意承颜，谕父母于道。'"

②怡声下气：声音柔和，态度恭顺。《礼记·内则》："父母有过，下气怡色，柔声以谏。"

③惮（dàn）：害怕、畏惧。劬（qú）劳：劳苦，劳累。

④甘腝（ér）：柔软鲜美的食物。腝，熟烂。

⑤惕（tì）然：惶恐的样子。惭（cán）惧：羞愧恐惧。惭，同"惭"，羞愧。

⑥起而行之：出自《荀子·性恶》"故坐而言

123

之，起而可设，张而可施行"。

⑦侵：越局侵上。

⑧见危授命：在危急关头牺牲自己的生命。

⑨诚谏：忠诚劝谏。

⑩卑以自牧：谦卑自守，修养德行。牧，养。

⑪瞿（jù）然：吃惊的样子。

⑫鄙吝：鄙俗贪吝。

⑬少私寡欲：《老子》载"少私寡欲"。

⑭忌盈恶满：忌惮、厌恶积聚过多。《易·谦》象辞云："天道亏盈而益谦，地道变盈而流谦，人道恶盈而好谦。"《书·大禹谟》："满招损。"

⑮赒（zhōu）：同"周"，周济；救济。

⑯积而能散：能将自己积聚的财富分给有需要的人。《礼记·曲礼》："爱而知其恶，憎而知其善，积而能散，安安而能迁。"

⑰黜（chù）：贬下。

⑱齿弊舌存：牙齿比舌头坚固，故牙齿更容易受到损伤；舌头比牙齿柔软，因此舌头更能保全自身。比喻刚者易折，柔者难毁。

⑲含垢藏疾：包纳污垢，藏匿疾恶。比喻宽仁大度，拥有包容万物的气量。《左传·宣公十五年》云："谚曰：'高下在心，川泽纳污，山薮（sǒu）藏疾，瑾瑜匿瑕，国君含垢，天之道也。'"

⑳尊贤容众：尊重贤人，不因贤人众多而怠慢他

们。《论语·子张》："君子尊贤而容众，嘉善而矜不能。"

㉑苶（nié）然：疲倦貌。

㉒若不胜衣：身体瘦弱，仿佛不能支撑衣服的重量。胜衣，承受衣服的重量。

㉓达生：参透人生，通达出世。委命：委心任命。

㉔立言必信：言而有信。《论语·子路》："言必信。"

㉕求福不回：求福有道，不走邪路。《诗·大雅·旱麓》："岂弟君子，求福不回。"

㉖去泰去甚：适可而止，不可过分。

㉗千户县：最小之县。

㉘不必理其民：言最小之县，尚且不能治理。

㉙楣（méi）：门上的横木。棁（zhuō）：梁上短柱。

㉚稷（jì）：五谷之一，一说为高粱。黍（shǔ）：一种黄米。

㉛谈谑（xuè）：谈笑戏谑。

㉜讽咏：吟咏。

㉝军国：军事与国务。经纶：经纬纲纶，以梳理丝线比喻治国有方。

㉞施用：施行采用。

㉟武人：军人将士。俗吏：才智平庸的官吏。

夫学者所以求益耳①。见人读数十卷书，便自高大，凌忽②长者，轻慢同列；人疾之如雠敌③，恶之如鸱枭④。如此以学自损，不如无学也。

【注释】

①夫学者所以求益耳：《论语·宪问》载"吾见其居于位也，见其与先生并行者也，非求益者也，欲速成者也"。

②凌忽：侵凌轻慢。

③雠敌：仇敌。雠，同"仇"。

④鸱枭：猫头鹰一类的恶鸟。

古之学者为己，以补不足也；今之学者为人，但能说之也①。古之学者为人，行道以利世也；今之学者为己，修身以求进也。夫学者犹种树也，春玩其华②，秋登③其实；讲论文章，春华也，修身利行，秋实也。

【注释】

①古之学者为己，以补不足也；今之学者为人，但能说之也：《论语·宪问》载"古之学者为己，今

126

之学者为人"。孔安国注云："为己，履而行之；为人，徒能言。"

②玩：赏玩。华：同"花"。

③登：成熟、收获。

人生小幼，精神专利①，长成已后，思虑散逸，固须早教，勿失机也。吾七岁时，诵《灵光殿赋》②，至于今日，十年一理③，犹不遗忘；二十之外，所诵经书，一月废置，便至荒芜矣。然人有坎壈④，失于盛年⑤，犹当晚学，不可自弃。孔子云："五十以学《易》，可以无大过矣⑥。"魏武、袁遗⑦，老而弥笃，此皆少学而至老不倦也。曾子七十乃学，名闻天下⑧；荀卿五十，始来游学，犹为硕儒⑨；公孙弘四十余，方读《春秋》，以此遂登丞相⑩；朱云亦四十，始学《易》《论语》⑪；皇甫谧二十，始受《孝经》《论语》⑫：皆终成大儒，此并早迷而晚寤也。世人婚冠未学，便称迟暮⑬，因循面墙⑭，亦为愚耳。幼而学者，如日出之光，老而学者，如秉烛夜行⑮，犹贤乎瞑目⑯而无见者也。

127

【注释】

①专利：专注而敏锐。

②《灵光殿赋》：东汉人王褒所为赋作，见载于《文选》。

③理：温习。

④坎壈（lǎn）：困顿，不顺利。宋玉《九辩》："坎壈兮贫士失职而志不平。"

⑤盛年：少壮之时。曹植《美女篇》："盛年处房室，中夜起长叹。"

⑥五十以学《易》，可以无大过矣：本自《论语·述而》。

⑦魏武：魏武帝曹操。曹操行军打仗三十余年，老而好学，手不释卷，登高必赋，横槊赋诗。袁遗：袁绍从兄，字伯业。亦勤学不息，《三国志·魏书·武帝纪》裴松之注引曹操语，"长大而能勤学者，惟吾与袁伯业耳"。

⑧曾子七十乃学，名闻天下：此"七十"或为"十七"之误。曾子少孔子四十六岁，则其游学时，必非七十老翁。王利器认为，古人八岁入小学，年十七则经考试而为吏，故颜之推以十七为晚学。

⑨荀卿五十，始来游学，犹为硕儒：《史记·孟荀列传》载"荀卿，赵人，年五十，始来游学于齐"。

⑩公孙弘四十余，方读《春秋》，以此遂登丞

相：《汉书·公孙弘传》载"公孙弘，菑（zī）川薛人也。少时为狱吏，有罪免。家贫，牧豕海上。年四十余，乃学《春秋》杂说。……元朔中，代薛泽为丞相"。

⑪朱云亦四十，始学《易》《论语》：《汉书·朱云传》载"朱云，字游，鲁人也，徙平陵。少时通轻侠，年四十乃变节，从博士白子友受《易》，又事前将军萧望之，受《论语》，皆能传其业，当世高之"。

⑫皇甫谧二十，始受《孝经》《论语》：《晋书·皇甫谧传》载"皇甫谧，字士安，幼名静，安定朝那人，汉太尉嵩之曾孙也，出后叔父，徙居新安。年二十，不好学，游荡无度，或以为痴。尝得瓜果，辄进所后叔母任氏，任氏曰：'《孝经》云：三牲之养，犹为不孝。汝今年余二十，目不存教，心不入道，无以慰我。'因叹曰：'昔孟母三徙以成仁，曾父烹豕以存教，岂我居不卜邻，教有所阙，何尔鲁钝之甚也！修身笃学，自汝得之，于我何有！'因对之流涕。谧乃感激，就乡人席坦受书，勤力不怠"。

⑬迟暮：晚年。屈原《离骚》云："惟草木之零落兮，恐美人之迟暮。"

⑭面墙：面对着墙壁而无所见，比喻不学之人。《论语·阳货》："人而不为《周南》《召南》，其犹正墙面而立也欤（yú）？"

129

⑮秉烛夜行：手持蜡烛在黑夜中行走。

⑯瞑目：闭上眼睛。

　　学之兴废，随世轻重。汉时贤俊，皆以一经弘圣人之道①，上明天时，下该②人事，用此致卿相者多矣。末俗③已来不复尔，空守章句④，但诵师言，施之世务⑤，殆⑥无一可。故士大夫子弟，皆以博涉⑦为贵，不肯专儒⑧。梁朝皇孙以下，总䘚⑨之年，必先入学⑩，观其志尚，出身⑪已后，便从文史，略无卒业⑫者。冠冕为此者，则有何胤⑬、刘瓛、明山宾⑭、周舍⑮、朱异⑯、周弘正⑰、贺琛⑱、贺革⑲、萧子政⑳、刘绍等，兼通文史，不徒讲说也。洛阳亦闻崔浩㉑、张伟㉒、刘芳㉓，邺下又见邢子才㉔：此四儒者，虽好经术，亦以才博擅名。如此诸贤，故为上品㉕，以外率多田野间人，音辞鄙陋，风操蚩拙㉖，相与专固㉗，无所堪能，问一言辄酬数百，责其指归㉘，或无要会㉙。邺下谚曰："博士买驴，书券㉚三纸，未有驴字。"使汝以此为师，令人气塞。孔子曰："学也禄在其中矣㉛。"今勤无益之事，恐非业也。夫圣人之书，所以设教㉜，但明练㉝经文，粗通注义㉞，常使言行有得，亦足为人；何必"仲尼居"即须两纸疏义㉟，燕寝讲堂㊱，亦复何在？以此得胜，宁有益乎？光阴可惜㊲，譬诸逝水。当博览机要㊳，以济㊴功业；必能兼美，吾无间㊵焉。

【注释】

①汉时贤俊，皆以一经弘圣人之道：汉时讲究通经致用，凡通一经，则能得一经之用。如董仲舒精于《公羊春秋》，以之决狱；王式熟读《诗》，以三百又五篇为谏书，均将经典中的圣人之道应用于现实政治当中。

②该：广博、通晓。

③末俗：末世风俗。

④章句：剖章析句。儒家一种解说经籍的方式，逐字逐句解释经籍内容含义。

⑤世务：时务、时事。

⑥殆：几乎、差不多。

⑦博涉：涉猎广博。

⑧专儒：专精某一儒家经典。

⑨总丱（guàn）：古时小儿束其两边的鬓角，使其形如两角。借指童年。

⑩入学：萧梁时期，皇太子及诸往后之子所入为

国子学。

⑪出身：出仕而致身于君。

⑫卒业：完成学业。

⑬何胤：《梁书·处士传》载"胤，字子季，点之弟也。年八岁，居忧哀毁若成人。既长好学，师事沛国刘瓛，受《易》及《礼记》《毛诗》。又入钟山定林寺听内典，其业皆通"。

⑭明山宾：《梁书·明山宾传》载"明山宾，字孝若，平原鬲（gé）人也。……山宾七岁能言名理，十三博通经传，居丧尽礼"。

⑮周舍：《梁书·周舍传》载"周舍，字升逸，汝南郡安城人。……舍幼聪颖，颙（yóng）异之，临卒谓曰：'汝不患不富贵，但当持之以道德。'即长，博学多通，尤精义理，善诵书，背文讽说，音韵清辩"。

⑯朱异：《梁书·朱异传》载"朱异，字彦和，吴郡钱塘人也。……年十余岁，好群聚蒲博，颇为乡党所患。既长，乃折节从师，遍治五经，尤明《礼》《易》，涉猎文史，兼通杂艺，博弈书算，皆其所长"。

⑰周弘正：《陈书·周弘正传》载"周弘正，字思行，汝南安城人也。……年十岁，通《老子》《周易》"。

⑱贺琛（chēn）：《梁书·贺琛传》载"贺琛，

字国宝，会稽山阴人也。伯父玚（yáng），步兵校尉，为世硕儒。琛幼，玚授其经业，一闻便通义理。玚异之，常曰：'此儿当以明经致贵'"。

⑲贺革：《梁书·儒林传》载"（贺）玚子革，字文明。少通三《礼》，及长，徧治《孝经》《论语》《毛诗》《左传》"。

⑳萧子政：事迹不详。《隋书·经籍志》录其撰有《周易义疏》《系辞义疏》《古今篆隶杂字体》等。

㉑崔浩：《魏书·崔浩传》载"崔浩，字伯渊，清河人也，白马公玄伯之长子。少好文学，博览经史，玄象百家之言，无不关综，研精义理，时人莫及"。

㉒张伟：《魏书·儒林传》载"张伟，字仲业，小名翠螭（chī），太原中都人也。高祖敏，晋秘书丞。伟学通诸经，讲授乡里，受业者常数百人"。

㉓刘芳：《魏书·刘芳传》载"刘芳，字伯文，彭城人也。……芳虽处穷窘之中，而业尚贞固，聪敏过人，笃志坟典，昼则佣书以自资给，夜则诵读，终夕不寝"。

㉔邢子才：《北齐书·邢邵传》载"邢邵，字子才，河间郑人也。……十岁便能属文，雅有才思，聪明强记，日诵万余言"。

㉕上品：魏晋时期，以品区分等级，定人官职高

133

低。此处皆以言人品之高下。

㉖蚩（chī）拙：粗鲁愚笨。蚩，无知的样子。《诗·卫风·氓（méng）》："氓之蚩蚩，抱布贸丝。"

㉗专固：顽固、固执。

㉘指归：旨意、主旨。

㉙要会：要领。

㉚书券：即书契，购买的凭据、契约。

㉛学也禄在其中矣：出自《论语·卫灵公》。

㉜设教：实施教化。

㉝明练：熟悉通晓。

㉞注义：注疏文义。

㉟何必"仲尼居"即须两纸疏义：《孝经》载"仲尼居，曾子侍"。其意仅为孔子闲居，曾子侍坐于侧，而六朝时儒生，以注解经，以疏解注，辗转至数页纸，实为冗余。

㊱燕寝：帝王休息的宫室，泛指闲居之所。讲堂：讲习之所。意思是六朝时儒生注解"仲尼居"三个字，花费大量篇幅考辨孔子所处是燕寝还是宫室。在颜之推看来，这样的注疏是没有意义的。

㊲可惜：值得珍惜。

㊳机要：要点。

㊴济：成就。

㊵无间：不能再说什么了，意为挑不出可以

补充、纠正的地方了。《论语·泰伯》："子曰：
'禹，吾无间然矣。'"

　　俗间儒士，不涉群书，经纬[①]之外，义疏[②]
而已。吾初入邺，与博陵崔文彦[③]交游，尝说《王
粲集》中难郑玄《尚书》事[④]。崔转为诸儒道
之，始将发口[⑤]，悬见排蹙[⑥]，云："文集只有
诗赋铭诔[⑦]，岂当论经书事乎？且先儒之中，
未闻有王粲也。"崔笑而退，竟不以粲集示之。
魏收[⑧]之在议曹，与诸博士议宗庙[⑨]事，引据《汉
书》，博士笑曰："未闻《汉书》得证经术。"
收便忿怒[⑩]，都不复言，取《韦玄成传》[⑪]，掷
之而起。博士一夜共披寻[⑫]之，达明，乃来谢[⑬]曰：
"不谓玄成如此学也。"

【注释】
　　①经纬：经书与纬书。纬书为西汉末年诸儒附会
儒家六经而伪造的书籍。
　　②义疏：解说儒家经籍的文章。
　　③博陵：郡名，属冀州，古县名，相当于今河北
蠡县南。崔文彦：其人不详。王利器据《北史·崔鉴

135

传》记载，有崔育王，其有子名文豹，则文彦或同为育王之子，文豹之胞兄弟。

④王粲：《三国志·魏书·王粲传》载"王粲，字仲宣，山阳高平人也"。据《隋书·经籍志》记载，王粲著述颇丰，有集十一卷。郑玄：东汉大儒。《后汉书·郑玄传》："郑玄，字康成，北海高密人也。……凡玄所注，《周易》《尚书》《毛诗》《仪礼》《礼记》《论语》《孝经》《尚书大传》《中候》《乾象历》，又著《天文七政论》《鲁礼禘（dì）祫（xiá）义》《六艺论》《毛诗谱》《驳许慎五经异义》《答林孝存周礼难》及汉律令，凡百余万言。"王粲难郑玄《尚书注》文今已不存。

⑤发口：开口。

⑥排蹙（cù）：排挤斥责。

⑦铭：称述、颂美功德的有韵之文。诔（lěi）：古代用以表彰死者德行并致哀悼的文辞，亦为谥法所本。

⑧魏收：北齐大臣，精于经史。《北齐书·魏收传》："魏收，字伯起，小字佛助，钜（jù）鹿下曲阳人也。"

⑨宗庙：天子诸侯祭祀祖先的场所。儒家祭祀先祖礼节繁多，故多有含混不清需要辨析之处。

⑩忿（fèn）怒：愤怒。

⑪《韦玄成传》：《汉书·韦玄成传》记载韦

玄成任丞相后，有罢郡国庙、罢惠帝以下诸园寝庙等事，与宗庙兴废密切相关。

⑫披寻：翻阅检索。

⑬谢：道歉。

夫老、庄之书，盖全真养性①，不肯以物累己②也。故藏名柱史，终蹈流沙③，匿迹漆园，卒辞楚相④：此任纵⑤之徒耳。何晏、王弼⑥，祖述玄宗⑦，递相⑧夸尚，景附草靡⑨，皆以农、黄⑩之化，在乎己身，周、孔之业⑪，弃之度外。而平叔以党曹爽见诛⑫，触死权⑬之网也；辅嗣以多笑人被疾⑭，陷好胜之窜⑮也；山巨源以蓄积取讥⑯，背多藏厚亡⑰之文也；夏侯玄以才望被戮⑱，无支离拥肿⑲之鉴也；荀奉倩丧妻，神伤而卒⑳，非鼓缶之情㉑也；王夷甫悼子，悲不自胜㉒，异东门之达㉓也；嵇叔夜排俗取祸㉔，岂和光同尘㉕之流也；郭子玄以倾动专势㉖，宁后身外己㉗之风也；阮嗣宗沈酒荒迷㉘，乖畏途相诫㉙之譬也；谢幼舆赃贿黜削㉚，违弃其余鱼㉛之旨也：彼诸人者，并其领袖，玄宗所归。其余桎梏尘滓之中㉜，颠仆㉝名利之下者，岂可备言乎！直取其清谈雅论[34]，剖玄析微，宾主往复[35]，娱心悦耳，非济世成俗之要也。洎[36]于梁世，兹风复阐[37]，《庄》《老》《周易》，总谓《三玄》。武皇、简文[38]，躬自[39]讲论。周弘正奉赞大猷[40]，化行都邑，学徒千余，实为盛美。元帝在江、荆[41]间，复所爱习，召置学生，亲为教授，废寝忘食，以夜继朝，至乃倦剧[42]愁愤，辄以讲自释[43]。吾时颇预末筵[44]，亲承音旨[45]，性既顽鲁[46]，亦所不好云。

【注释】

①全真养性：保全自然之天性，此为庄子学说的重要内容之一。

②以物累己：因为外物影响自己，使自身丧失自然本性。《庄子·秋水》谓："知道者必达于理，达于理者必明于权，明于权者不以物害己。"

③藏名柱史，终蹈流沙：此为老子生平事迹。老子为周柱下史，好全真养性，不慕荣利。曾西游，遇关令尹喜，为著《道德经》上下二卷。后二人相伴，游流沙之外，化育胡人。柱史，柱下史的简称，相当于汉以后的御史。

④匿迹漆园，卒辞楚相：此为庄子生平事迹。据《史记·老子韩非列传》记载，庄子曾任漆园吏，位

138

卑言轻。楚庄王听说庄子贤明，邀请他出任自己的宰相。庄子以祭祀典礼中作为牺牲的牛为比喻，拒绝了楚庄王的邀请。

⑤任纵：任情放纵。

⑥何晏：《三国志·魏书·曹真传》载"晏，何进孙也，母尹氏，为太祖夫人。晏长于宫省，又尚公主。少以才秀知名，好老庄言，作《道德论》及诸文赋，著述凡数十篇"。王弼（bì）：《三国志·魏书·钟会传》载"弼好论儒道，辞才逸辩，注《易》及《老子》。为尚书郎，年二十余，卒"。此二人借号老庄玄言，擅长清谈名理。

⑦玄宗：道。

⑧递相：互相。

⑨景（yǐng）附草靡：像影子依附形体，草随风而倒。比喻因风行而受到模仿。景，同"影"。

⑩农、黄：神农与黄帝。道家以此二者为宗。

⑪周、孔：周公与孔子。二者为儒家圣王，为道家所不屑。

⑫平叔以党曹爽见诛：司马懿与曹爽争权，发动高平陵事变，谋诛曹爽，何晏作为曹爽党羽，也受到牵连，被夷灭三族。平叔，何晏之字。

⑬死权：贪恋权力至死不休。

⑭辅嗣以多笑人被疾：王弼常以自己擅长之事笑话别人，因此为众人所厌恶。辅嗣，王弼之字。

⑮窖（jǐn）：同"阱"，为防御或猎取野兽而设的陷坑。

⑯山巨源以蓄积取讥：山涛因守财被世人讥讽。山巨源即山涛，《晋书·山涛传》："山涛，字巨源，河内怀人也。父曜，宛句令。涛早孤，居贫，少有器量，介然不群。性好《庄》《老》，每隐身自晦，与嵇康、吕安善。"山涛守财事史料无闻，或疑乃王戎之误。

⑰多藏厚亡：聚敛的财富越多，损失则越大。《老子》："多藏必厚亡。"

⑱夏侯玄以才望被戮：夏侯玄为曹爽姑子，才能声望卓著超群。曹爽遭诛后，夏侯玄也受到牵连，被抑黜而不得志。中书令李丰与夏侯玄友善，密谋诛杀司马氏并以玄辅政。事泄，夏侯玄等与事者皆被夷三族。夏侯玄以擅长谈玄知名当世。

⑲支离：支离疏。为《庄子·人间世》虚构出的人物，肢体畸形，形象怪诞，无法为朝廷所用，故可以保全天年。拥肿：即臃肿。《庄子·逍遥游》中设想的一棵巨树，它的树干弯弯曲曲，长有很多瘤子；它的枝条蜷缩扭曲，不能为工匠所用。这棵树因为无用，得以不遭砍伐，保全性命。

⑳荀奉倩丧妻，神伤而卒：荀粲妻子病亡后，粲黯然神伤，无法自已，不到一年便也去世了。

㉑鼓缶（fǒu）之情：《庄子·至乐》记载，庄子

的妻子去世了，他的朋友惠子前去吊唁，发现庄子不仅没伤心哭泣，反而姿势不雅地坐着，敲着缶唱歌。庄子解释，自己不哭泣是因为已经通晓了天命，人的生死就像四季轮转变化一样，从无到有又回归无。妻子只是回归了原初样子，仍安卧于天地之间，自己为什么要悲伤哭啼呢？缶，一种口小肚大的瓦器，用于盛酒，秦人常鼓之以歌。

㉒王夷甫悼子，悲不自胜：王衍的孩子去世了，山简前去吊唁，发现王衍悲戚哀伤，若不自胜。王衍，西晋时期玄学领袖。《晋书·王衍传》："衍字夷甫，神情明秀，风姿详雅。总角尝造山涛，涛嗟叹良久。既去，目而送之，曰：'何物老妪（yù），生此宁馨儿。然误天下苍生者，未必非此人也。'"

㉓东门之达：《列子·力命》记载，魏人东门吴丧子而不悲，人有怪而问之者，东门吴回答说，我的儿子未出生之前，我并不悲伤；现在他去世了，对于我来说就像儿子未出生时一样，所以我并不悲伤。

㉔嵇（jī）叔夜排俗取祸：嵇康因为绝群超俗，不与世俗同流而遭逢祸事。嵇康有奇才，为竹林七贤之一，不谄事司马氏。与吕安相友善，吕安为兄所诬告，嵇康为其做证，却遭谗言，二人一同被抓捕下狱，不久便遭到了诛杀。嵇康好尚玄风，为魏晋之际玄学领袖之一。《晋书·嵇康传》："嵇康，字叔夜，谯国铚（zhì）人也。"

㉕和光同尘：掩盖自己的锋芒，与尘俗混同。比喻不露锋芒。《老子》："和其光，同其尘。"

㉖郭子玄以倾动专势：郭象倾慕权势，为东海王司马越太傅主簿，威逼内外。郭象为西晋时期著名玄学家。《晋书·郭象传》："郭象，字子玄。少有才理，好老庄，能清言，太尉王衍每云听象语如悬河泻水，注而不竭。"

㉗后身外己：甘愿置身人后，将生命置之度外。《老子》云："是以圣人后其身而身先，外其身而身存。"

㉘阮嗣宗沈酒荒迷：阮籍耽于饮酒，钟会多次以时事问之，想要找到把柄谋害阮籍，阮籍都因酣醉豁免。阮籍，竹林七贤之一，崇尚玄学的自然观。《晋书·阮籍传》："阮籍，字嗣宗，陈留尉氏人也。"

㉙畏途相诫：彼此之间互相提醒，行走险途应当小心谨慎。《庄子·达生》："夫畏途者十杀一人，则父子兄弟相戒也，必盛卒徒而后敢出焉，不亦知乎！"

㉚谢幼舆（yú）赃贿黜削：谢鲲因贪赃受贿而遭到贬斥。谢鲲好老庄玄言，为中朝名士。《晋书·谢鲲传》："谢鲲，字幼舆，陈国阳夏人也。……鲲少知名，通简有高识，不修威仪。好《老》《易》，能歌善鼓琴，王衍、嵇绍并奇之。"

㉛弃其余鱼：《淮南子·齐俗训》载"惠子从车

百乘，以过孟诸，庄子见之，弃其余鱼"。

㉜桎（zhì）梏（gù）：拘系、束缚。尘滓（zǐ）：尘秽。比喻世间琐碎的事物。

㉝颠仆：跌倒、灭亡。

㉞清谈雅论：玄学盛行之际，士大夫之间的一种文化活动。士大夫们聚会时，针对一些形而上的玄学问题反复辩难，这种行为被称为清谈。

㉟宾主往复：清谈时，主人与客析理问难，反复辩论，你来我往的行为。

㊱洎（jì）：到、及。

㊲兹风：指上文所说的玄学风气。阐：阐明、广大。

㊳武皇：梁武帝萧衍。《梁书·武帝纪》："高祖武皇帝，讳衍，字叔达，小字练儿，南兰陵中都里人，汉相国何之后也。……少而笃学，洞达儒玄，虽万机多务，犹卷不辍手，燃烛侧光，常至戊夜。造《制旨孝经义》《周易讲疏》及六十四卦、二《系》《文言》《序卦》等义，《乐社义》《毛事答问》《春秋答问》《尚书大义》《中庸讲疏》《孔子正言》《老子讲疏》，凡二百余卷，并正先儒之迷，开古圣之旨。简文：梁简文帝萧纲。

㊴躬自：亲自。

㊵大猷（yóu）：大道。这里指大同八年，周弘正启梁武帝《周易疑义》五十条，又请释《乾》《坤》二系辞之事。

㉑江、荆：江陵、荆州。

㉒倦剧：倦极，疲惫至极。

㉓辄以讲自释：《梁书·元帝纪》载"（承圣三年）九月辛卯，世祖于龙光殿述《老子义》，尚书左仆射王褒为执经"。

㉔末筵：末席、末座。

㉕亲承音旨：亲自聆听梁元帝的讲说。

㉖顽鲁：顽劣愚钝。

　　齐孝昭帝侍娄太后①疾，容色顦悴②，服膳减损。徐之才③为灸两穴，帝握拳代痛，爪入掌心，血流满手。后既痊愈，帝寻疾崩，遗诏恨不见太后山陵④之事。其天性至孝如彼，不识忌讳如此，良由无学所为。若见古人之讥欲母早死而悲哭之⑤，则不发此言也。孝为百行之首，犹须学以修饰之，况余事乎！

【注释】

①娄太后：孝昭帝高演生母。《北齐书·神武明皇后传》："神武明皇后娄氏，讳昭君，司徒内干之女也。"

②顦（qiáo）悴：同"憔悴"，因忧愁困苦而瘦

弱的样子。

③徐之才：《北齐书·徐之才传》载"徐之才，丹阳人也。父雄，事南齐，位兰陵太守，以医术为江左所称"。徐之才亦善医术。

④山陵：陵寝。《广雅·释丘》称："秦名天子冢曰山，汉曰陵。"

⑤古人之讥欲母早死而悲哭之：典出《淮南子·说山训》"东家母死，其子哭之不哀。西家子见之，归谓其母曰：'社何爱速死，吾必悲哭社。'夫欲其母之死者，虽死亦不能悲哭矣"。讥讽那些想要悲哭尽孝，便希望母亲早亡之人。

梁元帝尝为吾说："昔在会稽①，年始十二，便已好学。时又患疥②，手不得拳，膝不得屈。闲斋张葛帏③避蝇独坐，银瓯贮山阴甜酒④，时复进之，以自宽⑤痛。率意⑥自读史书，一日二十卷，既未师受⑦，或不识一字，或不解一语，要自重之，不知厌倦。"帝子之尊，童稚之逸，尚能如此，况其庶士，冀以自达者哉？

【注释】

①会稽：郡名，属扬州，相当于今日浙江绍兴。

②疥（jiè）：疥疮，一种皮肤病，会导致皮肤瘙痒、发红、溃烂。

③葛帏：一种用葛布制成的帏帐。

④银瓯（ōu）：银质的杯子。山阴：县名，南朝时会稽治所。

⑤宽：宽解、舒缓。

⑥率意：悉心尽意，按照本意行事。

⑦师受：受于师，得到老师的教导。

古人勤学，有握锥投斧①，照雪聚萤②，锄则带经③，牧则编简④，亦为勤笃。梁世彭城刘绮⑤，交州⑥刺史勃之孙，早孤家贫，灯烛难办，常买荻⑦尺寸折之，然⑧明夜读。孝元初出会稽⑨，精选寮寀⑩，绮以才华，为国常侍兼记室⑪，殊蒙礼遇，终于金紫光禄⑫。义阳朱詹⑬，世居江陵，后出扬都⑭，好学，家贫无资，累日不爨⑮，乃时吞纸以实腹。寒无毡被，抱犬而卧。犬亦饥虚⑯，起行盗食，呼之不至，哀声动邻，犹不废业，卒成学士⑰，官至镇南录事参军⑱，为孝元所礼。此乃不可为之事，亦是勤学之一人。东莞⑲臧逢世，年二十余，欲读班固《汉书》，苦假借不久，乃就姊夫刘缓乞丐客刺[20]书翰纸末，手写一本，军府[21]服其志尚，卒以《汉书》闻。

【注释】

①握锥：《战国策·秦策》载"（苏秦）读书欲睡，引锥自刺其股，血流至足"。投斧：《太平御览》引《七贤传》"文党，字仲翁，与人俱入山取木，谓侣人曰：'吾欲远学，先试投斧高木上，斧当挂。'乃投之，斧果上，因之长安受经"。

②照雪：《文选·为萧扬州作荐士表》李善注引《孙氏世录》"孙康家贫，常映雪读书，清介，交游不杂"。聚萤：《文选·为萧扬州作荐士表》李善注引《晋阳秋》"车胤，字武子，学而不倦。贫不常得油，夏月则练囊盛数十萤火，以夜继日焉"。

③锄则带经：《汉书·儿宽传》载"时行赁作，带经而锄，休息辄读诵"。

④牧则编简：《汉书·路温舒传》载"路温舒，字长君，钜鹿东里人也。父为里监门，使温舒牧羊，温舒取泽中蒲，截以为牒，编用书写"。

⑤彭城：郡名，属徐州，相当于今日江苏省徐州市。刘绮：其人不详，据王利器考证，南朝梁何逊多首联句诗涉及此人，当亦为此时文人士大夫。

⑥交州：包括今广东雷州半岛、广西南部和越南

中北部。

⑦荻（dí）：一种形似芦苇的植物。

⑧然：同"燃"，点燃。

⑨孝元初出会稽：《梁书·元帝纪》载"世祖孝元皇帝讳绎，字世诚，小字七符，高祖第七子也。天监七年八月丁巳生，十三封湘东郡王，邑二千户。初为宁远将军、会稽太守，入为侍中、宣威将军、丹阳尹"。

⑩寮寀（cǎi）：手下官员。寮、寀，均作官义。

⑪国常侍：官名，诸侯国常侍，为诸侯王近臣。记室：官名，掌管章表杂记等书仪事务。

⑫金紫光禄：即金紫光禄大夫，散官的一种，没有实际权力，仅作为褒赏赐予官员中有德望者。金紫，金印紫绶，这一官阶的人可以佩戴黄金的官印和紫色的绶带。

⑬义阳：荆州有义阳郡义阳县。朱詹（zhān）：其人不详。王利器以为，朱詹或为梁元帝《金楼子》中提及之朱澹（dàn）远。因颜之推祖名见远，故避讳之，作朱澹，有误澹为詹。

⑭扬都：指建邺。

⑮爨（cuàn）：烧火煮饭。

⑯饥虚：饥饿，腹中空虚。

⑰学士：官名，以文艺技艺供奉朝廷的官员。

⑱镇南录事参军：录事参军，官名，亲王府设

此职，掌管文书、会计统计等工作。按《梁书·元帝纪》记载，大同六年，萧绎出为使持节都督江州诸军事、镇南将军、江州刺史，朱詹此时当为萧绎僚佐。

⑲东莞：郡名，属徐州，治所在今山东省沂水东北。

⑳客刺：名刺，名片。

㉑军府：大将军府。

　　齐有宦者内参田鹏鸾①，本蛮人②也。年十四五，初为阉寺③，便知好学，怀袖握书，晓夕讽诵。所居卑末，使役苦辛，时伺间隙，周章④询请。每至文林馆⑤，气喘汗流，问书之外，不暇他语。及睹古人节义⑥之事，未尝不感激沈吟⑦久之。吾甚怜爱，倍加开奖⑧。后被赏遇，赐名敬宣，位至侍中开府⑨。后主之奔青州⑩，遣其西出，参伺⑪动静，为周军所获。问齐主何在，绐⑫云："已去，计当出境。"疑其不信，欧捶⑬服之，每折一支⑭，辞色愈厉，竟断四体而卒。蛮夷童丱，犹能以学成忠，齐之将相⑮，比敬宣之奴不若也。

【注释】

①宦者：宦官，太监。田鹏鸾：《北史·恩倖传》载"宦者田敬宣，本字鹏，蛮人也"。

②蛮人：王利器以为，即当时居住在河南境内的少数民族。《水经注》有蛮人田益宗，田鹏鸾或为其宗人。

③阍（hūn）寺：即宦官。

④周章：周旋、周流。

⑤文林馆：北齐立，用以安置文学之士。《北齐书·文苑传》："后主属意斯文。三年，祖珽（tǐng）奏立文林馆。于是更召引文学士，谓之待召文林馆焉。"

⑥节义：节操与义行。

⑦沈吟：犹豫、咏叹。

⑧开奖：开导奖励。

⑨侍中：《北齐书》《北史》俱作"中侍中"。中侍中，官名，掌管出入门阁。开府：古代高级官员被允许自行建立府署，安排官员。开府被视为一项政治上的殊荣。

⑩奔：出奔，指逃亡。青州：北魏置，治所初位于乐安，即今山东省广饶县，后移至东阳，相当于今山东省益都县。

⑪参伺：侦查。

⑫绐（dài）：欺骗、撒谎。

⑬欧捶：殴打。欧，同"殴"。

⑭支：同"肢"，四肢。

⑮齐之将相：谓开府仪同三司贺拔伏恩、封辅相、慕容钟葵、穆提婆斛律孝卿、高阿那肱等，或不加抵抗而投降周师；或身为齐臣，反与周师约定生致齐主，皆贪生怕死、卖主求荣之徒。

邺平之后，见徒入关①。思鲁尝谓吾曰："朝无禄位，家无积财，当肆②筋力，以申供养。每被课笃③，勤劳经史，未知为子，可得安乎？"吾命之曰："子当以养为心，父当以学为教。使汝弃学徇财④，丰吾衣食，食之安得甘？衣之安得暖？若务先王之道，绍家世之业，藜羹缊褐⑤，我自欲之。"

【注释】

①见：被。入关：指武平七年，齐军抵御周师不力，后主退至邺城，逊位于幼帝。次年周师攻入邺城，齐王室被迫东奔。周师追至青州，齐主将南下依附陈朝，却为周将尉迟纲所擒，遣送至邺，后被赐死。

②肆：极；近。

151

③课笃：考试检察。笃，古通"督"，检查。

④徇财：牺牲自身而求取财富。徇，同"殉"。《庄子·盗跖》："小人徇财。"《史记·贾生列传》："贪夫殉财兮。"

⑤藜（lí）羹：用藜煮成的羹，指简陋的饭菜。缊（yùn）褐（hè）：麻布制成的粗衣。《说苑·立节》："曾子布衣缊袍未得完，糟糠之食，藜藿之羹未得饱，义不合则辞上卿。不恬贫穷，安能行此。"

《书》曰："好问则裕①。"《礼》云："独学而无友，则孤陋而寡闻②。"盖须切磋③相起明也。见有闭门读书，师心自是④，稠人广坐⑤，谬误差失者多矣。《穀梁传》称公子友与莒挐相搏，左右呼曰"孟劳"⑥。"孟劳"者，鲁之宝刀名，亦见《广雅》⑦。近在齐时，有姜仲岳谓："'孟劳'者，公子左右，姓孟名劳，多力之人，为国所宝。"与吾苦诤⑧。时清河郡守邢峙⑨，当世硕儒，助吾证之，赧然而伏。又《三辅决录》⑩云："灵帝殿柱题曰：'堂堂乎张⑪，京兆田郎。'"盖引《论语》，偶⑫以四言，目京兆人田凤也⑬。有一才士，乃言："时张京兆及田郎二人皆堂堂耳。"闻吾此说，初大惊骇，其后寻魄[14]悔焉。江南有一权贵，读误本《蜀都赋》注[15]，解"蹲鸱[16]，芋也"，乃为"羊"字；人馈羊肉，答书云："损惠[17]蹲鸱。"举朝惊骇，不解事义。久后寻迹，方知如此。元氏之世[18]，在洛京时，有一才学重臣[19]，新得《史记音》[20]，而颇纰缪[21]，误反"颛顼"字，顼当为许录反，错作许缘反，遂谓朝士言："从来谬音'专旭'，当音'专翾[22]'耳。"此人先有高名，翕[23]然信行；期年之后，更有硕儒，苦相究讨，方知误焉。《汉书·王莽赞》云："紫色鼃声[24]，余分闰位[25]。"谓以伪乱真耳。昔吾尝共人谈书，言及王莽形状，有一俊士，自许史学，名价[26]甚高，乃云："王莽非直鸱目虎吻[27]，亦紫色蛙声[28]。"又《礼乐志》[29]云："给太官挏马酒[30]。"李奇[31]注："以马乳为酒也，撞挏乃成。"二字并从手。撞挏，此谓撞捣挺挏之，今为酪酒[32]亦然。向学士又以为种桐时，太官酿马酒乃熟。其孤陋遂至于此。太山羊肃[33]，亦称学问，读潘岳赋[34]："周文弱枝之枣"，为杖策之杖；《世本》[35]："容成造历"，以历为碓磨之磨。

【注释】

①《书》曰：好问则裕：《书·仲虺（huī）之诰》载"好问则裕，自用则小"。

②《礼》云：独学而无友，则孤陋而寡闻：《礼记·学记》载"独学而无友，则孤陋而寡闻"。

③切磋：探讨研究，取长补短。《诗·卫风·淇奥（yù）》："如切如磋，如琢如磨。"

④师心自是：以心为师，指只相信自己，不肯接受他人的建议。《庄子·齐物论》："夫随其成心而师之，谁独且无师乎？"

⑤稠人广坐：大庭广众，人员稠密的公共场合。

⑥《穀梁传》称公子友与莒（jǔ）挐（rú）相搏，左右呼曰"孟劳"：事见《穀梁传·僖公元年》。公子友，鲁桓公末子。孟劳，宝刀名。

⑦《广雅》：三国时魏人张揖仿照《尔雅》体裁编纂的一部百科辞典。

⑧诤（zhèng）：争论。

⑨清河：郡名，属冀州，大致位于今河北省邢台市清河县境内。邢峙：《北齐书·儒林传》载"邢峙，字士峻，河间郑人也。少好学，耽玩坟典，游学燕赵之间，通三《礼》《左氏春秋》"。

⑩《三辅决录》：汉太仆赵岐所撰，主要记载东汉光武帝建武年间至献帝建安年间有关贵族官僚的史实。

⑪堂堂乎张：《论语·子张》载"曾子曰：'堂堂乎张也，难与并为仁矣'"。意为称赞子张仪表堂堂。

⑫偶：配合、匹配。这里指以四言的"京兆田郎"配合上句"堂堂乎张"。

⑬京兆：三辅京兆尹、左冯翊、右扶风之一，属京畿之地，所辖范围相当于陕西西安及其附近所属区域。田凤：《初学记》引《三辅决录注》"田凤为尚书郎，容仪端正，入奏事，灵帝目送之，题柱曰：'堂堂乎张，京兆田朗'"。

⑭媿（kuì）：同"愧"，惭愧。

⑮《蜀都赋》注：西晋左思撰《三都赋》，刘逵注《蜀都赋》《吴都赋》，张载注《魏都赋》。

⑯蹲鸱：大芋头。因状似蹲伏的鸱鸟得名。

⑰损惠：感谢他人馈赠礼物时使用的敬辞，意谓对方降抑身份而加惠于己。

⑱元氏之世：指北魏。北魏皇帝汉化后姓元，故称"元氏之世"。

⑲重臣：权威之臣。

⑳《史记音》：《史记》的一种注本，以明晰音韵为主。

㉑纰（pī）缪：错误。

㉒翾（xuān）：轻盈飞舞。

㉓翕（xī）然：全然。

㉔紫色：不正之色。鼃（wā）声：不正之声。鼃，同"蛙"。

㉕余分：指地球环绕太阳运行一周的实际时间与纪年时间相比所余的零头数。闰位：不正之位。

㉖名价：名誉声价。

㉗鸱目：目光像鸱鹰。虎吻：嘴型像恶虎。《汉书·王莽传》谓："是时有用方技待诏黄门者，或问以莽形貌，待诏曰：'莽所谓鸱目虎吻豺狼之声也，故能食人，亦当为人所食。'"

㉘紫色蛙声：此处指自诩史学家的俊士错将紫色蛙声当作对王莽形貌的描绘，认为王莽脸色发紫，声音如蛙。

㉙《礼乐志》：即《汉书·礼乐志》，主要记载礼仪与音乐相关的内容。

㉚太官：少府属官，掌管宫内膳食。挏（dòng）马酒：以马乳为酒，捶捣而成。挏，用力拌动。

㉛李奇：南阳人，有《汉书注》。

㉜酪酒：用牛羊马等动物乳汁制成的酒。

㉝太山：即泰山。羊肃：字子慎，北齐时人，参与编纂大型类书《修文殿御览》。

㉞潘岳赋：即潘岳《闲居赋》。潘岳，《晋书·潘岳传》："潘岳，字安仁，荥阳中牟人也。"

㉟《世本》：古史官记黄帝以来迄春秋时诸侯大夫之事，全本今已不传，部分内容散见于诸书引文。

谈说制文，援引古昔，必须眼学，勿信耳受。江南闾里①间，士大夫或不学问，羞为鄙朴②，道听途说③，强事饰辞④：呼征质为周、郑⑤，谓霍乱为博陆⑥，上荆州必称陕西⑦，下扬都言去海郡，言食则餬口⑧，道钱则孔方⑨，问移则楚丘⑩，论婚则宴尔⑪，及王则无不仲宣，语刘则无不公干⑫。凡有一二百件，传相祖述⑬，寻问莫知原由，施安⑭时复失所。庄生有乘时鹊起之说⑮，故谢朓⑯诗曰："鹊起登吴台⑰。"吾有一亲表，作《七夕》诗云："今夜吴台鹊，亦共往填河。"《罗浮山记》⑱云："望平地树如荠⑲。"故戴暠⑳诗云："长安树如荠㉑。"又邺下有一人《咏树》诗云："遥望长安荠。"又尝见谓矜诞为夸毗㉒，呼高年为富有春秋㉓，皆耳学之过也。

【注释】

①闾（lú）里：古代城镇中有围墙的住宅区，乡里。

②鄙朴：粗俗质朴。

③道听途说：从路上听来的内容，泛指没有根据、未经实证的内容。《论语·阳货》："道听而

途说。"

④饰辞：文饰修辞。

⑤呼征质为周、郑：把索取抵押称为周郑。《左传·隐公二年》："王子狐为质于郑，郑公子忽为质于周。"

⑥谓霍乱为博陆：管霍乱叫作博陆。汉时霍光封博陆侯，其姓氏霍与霍乱之霍同，故借以指称霍乱。霍乱，一种急性传染病，多因饮食不洁而致，患者易呕吐、腹泻、脱水、高烧，严重可致死亡。

⑦上荆州必称陕西：西上荆州则称到陕西去。四周时，周、召二伯分陕而治，周公主陕东，召公主陕西，故称荆州为陕西。

⑧言食则餬（hú）口：提到吃饭就称餬口。餬，谓生活艰难，勉强度日。

⑨道钱则孔方：说起铜钱就要用孔方来称呼它。西晋鲁褒《钱神论》："亲爱如兄，字曰孔方。"古时铜钱外圆而内孔方，故称孔方。

⑩问移则楚丘：问起迁移就要用楚丘之典。楚丘，春秋时期卫国都邑。《左传·闵公二年》："僖之元年，齐桓公迁邢于夷仪。 二年，封卫于楚丘。邢迁如归，卫国忘亡。"

⑪论婚则宴尔：谈论起婚姻就用宴尔代称。《诗·邶风·谷风》："宴尔新婚，如兄如弟。"

⑫公干：刘公干，即刘桢。《三国志·魏书·王

粲传附刘桢传》："东平刘桢，字公干。"刘桢与王粲同为建安七子，二人皆为当时文坛领袖。钟嵘《诗品序》谓："降及建安，曹公父子，笃好斯文；平原兄弟，郁为文栋。刘桢、王粲为其羽翼，次有攀龙托凤自致于属车者，盖将百计，彬彬之盛，大备于时矣。"

⑬传：假借为"转"，辗转。祖述：遵循、效法前人学说或行为。《礼记·中庸》："仲尼祖述尧、舜。"

⑭施安：施行。

⑮庄生有乘时鹊起之说：《太平御览》引《庄子》"鹊上高城之垝（guǐ），而巢于高榆之颠，城坏巢折，陵风而起。故君子之居世也，得时则蚁行，失时则鹊起也"。

⑯谢朓（tiǎo）：《南齐书·谢朓传》载"谢朓，字玄晖，陈郡阳夏人也。……朓少好学，有美名，文章清丽"。

⑰鹊起登吴台：出自谢朓《和伏武昌登孙权故城诗》"鹊起登吴台，凤翔陵楚甸"。

⑱《罗浮山记》：记录罗山、浮山景色的文章，二山在增城、博罗二县之境。

⑲荠（jì）：荠菜。

⑳戴暠（hào）：南朝梁时人。

㉑长安树如荠：出自戴暠《度关山》"昔听陇头

吟，平居已流涕。今上关山望，长安树如荠"。

㉒矜诞：自大狂妄。夸毗（pí）：卑屈己身以取媚于人。矜诞与夸毗义正相反。

㉓富有春秋：年轻、年少。

夫文字者，坟籍①根本。世之学徒，多不晓字：读《五经》者，是徐邈而非许慎②；习赋诵者，信褚诠而忽吕忱③；明《史记》者，专徐、邹而废篆籀④；学《汉书》者，悦应、苏而略《苍》《雅》⑤。不知书音是其枝叶，小学⑥乃其宗系。至见服虔、张揖⑦音义则贵之，得《通俗》《广雅》而不屑⑧。一手之中，向背如此，况异代各人乎？

【注释】

①坟籍：书籍。

②徐邈：《晋书·儒林传》载"徐邈，东莞姑幕人也。……虽不口传章句，然开释文义，标明指趣，撰《正五经音训》，学者宗之"。许慎：《后汉书·儒林传》载"许慎，字叔重，汝南召陵人也。性淳笃，少博学经籍，马融常推敬之，时人为之语曰：'五经无双许叔重'"。

160

③褚诠：其人事迹不详，《汉书·扬雄传》所载诸赋注内时引褚诠之说。吕忱：西晋文学家，著有《字林》《百赋音》等作品。

④徐：徐广，著有《史记音义》。邹：邹诞生，著《史记音》。徐广与邹诞生注解《史记》，更加重视对字音的辨析。篆（zhuàn）籀（zhòu）：篆文与籀文，皆为先秦时期所使用的文字。

⑤应：应劭，著有《汉书集解音义》。苏：苏林，著有《汉书音义》。《苍》：《苍颉篇》。《雅》：《尔雅》。

⑥小学：中国古代谓文字训诂方面的学问为小学，因周朝时儿童入学，首先需要学习六甲六书，均为与文字相关的内容，故称字学为小学。

⑦服虔：《后汉书·儒林传》载"服虔，字子慎，河南荥阳人也。……有雅才，善著文论，作《春秋左氏传解》，行之至今"。服虔撰有俗语词书《通俗文》。张揖：三国时魏人，著《广雅》。

⑧得《通俗》《广雅》而不屑：谓世人只看重服虔、张揖所著有关音义的书，而对他们撰写的辞书《通俗文》《广雅》则不屑一顾。

夫学者贵能博闻①也。郡国山川，官位姓族，衣服饮食，器皿制度，皆欲根寻，得其原本；至于文字，忽不经怀②，己身姓名，或多乖舛，纵得不误，亦未知所由。近世有人为子制名：兄弟皆山傍立字，而有名峙者③；兄弟皆手傍立字，而有名机者；兄弟皆水傍立字，而有名凝者④。名儒硕学，此例甚多。若有知吾钟之不调⑤，一何⑥可笑。

【注释】

①博闻：《礼记·曲礼上》载"博闻强识而让，敦善行而不怠，谓之君子"。

②经怀：经心。

③兄弟皆山傍立字，而有名峙者：兄弟几人之名皆为山字旁，其中有名峙者。段玉裁以为，《说文》只有从止之峙，无从山之峙。为子取名峙，为不典，故颜之推讥之。宋本《颜氏家训》峙作峙，龚道耕以为，峙为俗书，峙为正体，此处当作峙，谓兄弟名字皆为山字旁，独一人为止字旁，不伦不类，故为颜之推所讥。

④兄弟皆水傍立字，而有名凝者：段玉裁以为凝为俗字，为子取名用俗字，是为不典，因此遭人口实。

162

⑤知吾钟之不调：《淮南子·修务训》载"昔晋平公令官为钟，钟成而示师旷，师旷曰：'钟音不调。'平公曰：'寡人以示工，工皆以为调。而以为不调，何也？'师旷曰：'使后世无知音者则已，若有知音者，必知钟之不调。'故师旷之欲善调钟也，以为后之有知音者也"。

⑥一何：多么，何其。一为语助词，无义。

吾尝从齐主幸并州①，自井陉关入上艾县②，东数十里，有猎闻村。后百官受马粮在晋阳③东百余里亢仇城侧。并不识二所本是何地，博求古今，皆未能晓。 及检《字林》《韵集》④，乃知猎闻是旧钀余聚⑤，亢仇旧是馤欱亭⑥，悉属上艾。时太原王劭⑦欲撰乡邑记注，因此二名闻之，大喜。

【注释】

①幸：指帝王亲临某地。并州：治所位于晋阳，相当于今山西太原。

②井陉（xíng）关：位于今河北井陉北井陉山上。上艾县：属太原郡，位于今山西省阳泉市平定县附近。

③晋阳：县名，为并州治所。

④《字林》：字书，晋吕忱撰。《韵集》：韵书，晋吕静撰。

⑤钄（liè）余聚：聚落名。聚，聚落、邑落。

⑥缦（mǎn）飯（qiú）亭：亭名。

⑦王劭：《隋书·王劭传》载"王劭，字君懋（mào），太原晋阳人也"。

　　吾初读《庄子》"虫鬼二首①"，《韩非子》②曰："虫有虫鬼者，一身两口，争食相龁，遂相杀也③。"茫然不识此字何音，逢人辄问，了无解者。案：《尔雅》诸书，蚕蛹名虫鬼，又非二首两口贪害之物。后见《古今字诂》④，此亦古之虺⑤字，积年凝滞，豁然雾解⑥。

【注释】

①虫鬼（huǐ）二首：虺有两个头。今本《庄子》无此语。虫鬼，同"虺"。

②《韩非子》：战国时期法家著作，韩非所撰，共五十五篇。《史记·老子韩非列传》："韩非者，韩之诸公子也。喜刑名法术之学，而其归本于黄老。"

③引文见《韩非子·说林下》。龁（hé）：咬。

④《古今字诂》：三国时魏人张揖所撰字书，今已不传。

⑤虺（huǐ）：毒蛇；毒虫。

⑥豁然：开悟的样子。雾解：雾气消散。比喻疑团完全消除。

尝游赵州①，见柏人②城北有一小水，土人③亦不知名。后读城西门徐整④碑云："洦⑤流东指。"众皆不识。吾案《说文》，此字古魄字也，洦，浅水貌。此水汉来本无名矣，直以浅貌目之，或当即以洦为名乎？

【注释】

①赵州：春秋时期晋地，相当于今河北石家庄市附近。河清末，颜之推曾被举为赵州功曹参军，其游赵州或在此时。

②柏人：县名，属赵州。

③土人：世代居住于本地的土著。

④徐整：字文操，豫章人，仕吴为太长卿。

⑤洦（pò）：浅水。

世中书翰①，多称匆匆，相承如此，不知所由，或有妄言此忽忽之残缺耳。案：《说文》："匆者，州里②所建之旗也，象其柄及三游③之形，所以趣④民事。故悤遽⑤者称为匆匆。"

【注释】

①书翰：书信。

②州里：古代二千五百家为州，二十五家为里。

③游（liú）：同"旒"，旌旗下边悬挂的饰物。

④趣（cù）：催促。《礼记·月令》："命有司趣民收敛。"

⑤悤（cōng）遽（jù）：匆忙；急促。

吾在益州①，与数人同坐，初晴日晃，见地上小光，问左右："此是何物？"有一蜀竖②就视，答云："是豆逼③耳。"相顾愕然，不知所谓。命取将④来，乃小豆也。穷访蜀土，呼粒为逼，时莫之解。吾云："《三苍》⑤《说文》，此字白下为匕，皆训粒，《通俗文》音方力反。"众皆欢悟。

【注释】

①益州：治所位于蜀郡成都。南北朝时期，益州先属萧梁版图，后属北周。此处云在益州，不知为颜之推从梁元帝在江陵时事，抑或入周后之事。

②竖：童仆未加冠者。

③豆逼：蜀中方言谓小豆为豆逼。

④将：方言中多作语助词使用，表示动作的趋向或进行，相当于"得"。

⑤《三苍》：李斯《苍颉篇》、赵高《爰历篇》与胡毋敬《博学篇》的合称。

愍楚友婿①窦如同从河州来，得一青鸟，驯养爱玩，举俗呼之为鹖②。吾曰："鹖出上党③，数④曾见之，色并黄黑，无驳杂⑤也。故陈思王《鹖赋》云：'扬玄黄之劲羽。'"试检《说文》："雗雀⑥似鹖而青，出羌中⑦。"《韵集》音介。此疑顿释。

【注释】

①愍（mǐn）楚：颜之推次子名。友婿：同门女婿之间的称谓，即连襟。《汉书·严助传》："家贫，为友婿富人所辱。"颜师古注："友婿，同门之

婿。"《释名》："两婿相谓曰亚,又曰友婿,言相亲友也。"

②鹖(hé):鸟名。雉类。羽毛黄黑色。

③上党:郡名,北魏时治壶关,在今山西省长治县东南。

④数(shuò):屡次、频繁。

⑤驳杂:混杂不纯。

⑥鸥(jiè)雀:鸟名。体型似鹖,毛羽色青的一种鸟。

⑦羌(qiāng)中:古时羌族聚居的地方,即今青海、西藏及四川西北部、甘肃西南部。《史记·秦始皇本纪》称秦地"西至临洮(táo)、羌中"。

梁世有蔡朗者讳纯,既不涉学①,遂呼莼为露葵②。面墙之徒,递相仿效。承圣③中,遣一士大夫聘④齐,齐主客郎李恕⑤问梁使曰:"江南有露葵否?"答曰:"露葵是莼,水乡所出。卿今食者绿葵菜耳。"李亦学问,但不测彼之深浅,乍闻无以覈究⑥。

【注释】

①涉学:粗窥学问。涉,《后汉书·班超传》载"有口

辩，而涉猎书传"。注云"涉如涉水，猎如猎兽，言不能周悉，粗窥览之也"。

②蓴（pò）：蘘荷。露葵：滑菜。古人采葵，必待露解，故称露葵。王利器谓《古文苑》载宋玉《讽赋》，有"烹露葵之羹"之语，即指水产之蓴，则蔡朗所呼，并未全然无据。

③承圣：梁元帝时年号。

④聘：国家之间遣使访问。

⑤主客郎：官名，为祠部尚书所统，主要负责使臣聘问、外藩来朝等事务。李恕：当作李庶。《北史·李崇传附李谐传》："岳弟庶，方雅好学，甚有家风。历位尚书郎、司徒掾（yuàn），以清辩知名，常摄宾司，接对梁客，梁客徐陵深叹美焉。"

⑥覈究：查究。

　　思鲁等姨夫彭城刘灵①，尝与吾坐，诸子侍焉。吾问儒行、敏行②曰："凡字与谘议③名同音者，其数多少，能尽识乎？"答曰："未之究也，请导示之。"吾曰："凡如此例，不预研检，忽见不识，误以问人，反为无赖④所欺，不容易也。"因为说之，得五十许字。诸刘叹曰："不意⑤乃尔！"若遂不知，亦为异事。

①刘灵：其人事迹不详，不见于《颜氏家训》外古籍文献。颜之推妻子为殷外臣之姊妹，刘灵亦当娶于殷氏，故为颜之推子思鲁的姨夫。

②儒行、敏行：刘灵二子名。

③谘（zī）议：指刘灵。刘灵曾任此职，颜之推于诸刘前，不便直呼刘灵姓名，便以其官号代称之。

④无赖：无耻狡诈之徒。《史记·高祖本纪》裴骃集解谓："江湖之间，谓小儿多诈狡猾者为无赖。"

⑤不意：想不到。《世说新语·贤媛》："不意天壤之中，乃有王郎。"

校定书籍，亦何容易，自扬雄、刘向①，方称此职耳。观天下书未徧，不得妄下雌黄②。或彼以为非，此以为是；或本同末异，或两文皆欠，不可偏信一隅③也。

【注释】

①扬雄：《汉书·扬雄传》载"扬雄，字子云，蜀郡成都人也。……校书天禄阁上"。刘向：西汉时人，字子政。《汉书·艺文志》："成帝时，以书颇

散亡，使谒者陈农求遗书于天下，诏光禄大夫刘向校经传诸子诗赋，步兵校尉任宏校兵书，太史令尹咸校数术，侍医李柱国校方技。"

②雌黄：古人写书用黄纸，故称为黄卷。雌黄与纸颜色相近，若书写有误，则以雌黄涂去，因此称涂改文字为雌黄。

③一隅：某一单独例证。

【评析】

儒家士人以好学为贵，《论语·学而》云："子曰：'君子食无求饱，居无求安，敏于事而慎于言，就有道而正焉，可谓好学也已。'"颜之推深受儒学所熏陶，故以勤学为重。他在作为全书纲领的《序致》一章中，就反复强调了早教的重要性，可以说《颜氏家训》一书的写作，就是对勉学、早教思想的一种实践。

颜之推所推崇看重的博学，与当时南朝流行的博学有所不同。在颜之推看来，首先要学习儒家经典，六经乃立身之根本，故《论语·季氏》称："不学《诗》，无以言"；其次要广泛掌握经世致用之学，不可作酸腐儒生，只知卖弄才学；最后，应当善于选择师友，向一流人物学习，入门须正，立志须高，达到严羽所谓"直截根源"的境界。与颜之推所推崇的博学不同，南朝时期文人士大夫间流传的博闻强识，则不免"掉书袋"之讥，这恰是为颜之推所鄙的寻章摘句、卖弄才学。这一时期文人作诗作文，喜用典；谈笑玩乐，又喜隶事——即列举与某一人或物相关之古今典故，以条列多者为胜，故钟嵘《诗品序》批评刘宋大明以后诗歌"句无虚语，语无虚字，拘挛补衲，蠹文已甚"，萧子显在《南齐书·文学传论》中也称以傅咸、应璩为代表的才学型诗人是："缉事比类，非对不发，博物可嘉，职成拘制。或全借古语，用申今情，崎岖牵引，直为偶说。唯睹事例，顿失清采。"颜之推生于南朝，饱览了南朝文坛上的种种弊端，故在《勉学》篇中极力反对这种滥用典故的作文方式，认为这种卖弄才学之徒并非真正的博学之士。这一观点切中时弊，在当时是具有进步作用的。

卷第四

文章　名实

文章第九

　　夫文章者，原出《五经》^①：诏命策檄^②，生于《书》者也；序述论议^③，生于《易》者也；歌咏赋颂^④，生于《诗》者也；祭祀哀诔^⑤，生于《礼》者也；书奏箴铭^⑥，生于《春秋》者也。朝廷宪章^⑦，军旅誓诰^⑧，敷显^⑨仁义，发明功德，牧^⑩民建国，施用多途。至于陶冶性灵^⑪，从容讽谏^⑫，入其滋味，亦乐事也。行有余力，则可习之^⑬。然而自古文人，多陷轻薄^⑭：屈原露才扬己，显暴君过^⑮；宋玉体貌容冶，见遇俳优^⑯；东方曼倩，滑稽不雅^⑰；司马长卿，窃赀无操^⑱；王褒过章《僮约》^⑲；扬雄德败《美新》^⑳；李陵降辱夷虏^㉑；刘歆反覆莽世^㉒；傅毅党附权门^㉓；班固盗窃父史^㉔；赵元叔抗竦过度^㉕；冯敬通浮华摈压^㉖；马季长佞媚获诮^㉗；蔡伯喈同恶受诛^㉘；吴质诋忤乡里^㉙；曹植悖慢犯法^㉚；杜笃乞假无厌^㉛；路粹隘狭已甚^㉜；陈琳实号粗疏^㉝；繁钦性无检格^㉞；刘桢屈强输作^㉟；王粲率躁见嫌^㊱；孔融、祢衡，诞傲致殒^㊲；杨修、丁廙，扇动取毙^㊳；阮籍无礼败俗^㊴；嵇康凌物凶终^㊵；傅玄忿斗免官^㊶；孙楚矜夸凌上^㊷；陆机犯顺履险^㊸；

潘岳干没取危㊹；颜延年负气摧黜㊺；谢灵运空疏乱纪㊻；王元长凶贼自诒㊼；谢玄晖侮慢见及㊽。凡此诸人，皆其翘秀者㊾，不能悉纪，大较如此。至于帝王，亦或未免。自昔天子而有才华者，唯汉武㊿、魏太祖、文帝、明帝[51]、宋孝武帝[52]，皆负世议，非懿德之君也[53]。自子游、子夏[54]、荀况[55]、孟轲[56]、枚乘[57]、贾谊[58]、苏武[59]、张衡[60]、左思之俦[61]，有盛名而免过患者，时复闻之，但其损败居多耳[62]。每尝思之，原其所积，文章之体，标举兴会[63]，发引性灵，使人矜伐[64]，故忽于持操[65]，果于进取。今世文士，此患弥切[66]，一事惬当[67]，一句清巧[68]，神厉九霄，志凌千载，自吟自赏，不觉更有傍人。加以砂砾所伤，惨于矛戟[69]；讽刺之祸，速乎风尘，深宜防虑，以保元吉[70]。

【注释】

①夫文章者，原出《五经》：《文心雕龙·宗经》载"故论说辞序，则《易》统其首；诏策章奏，则《书》发其源；赋颂歌赞，则《诗》立本；铭诔箴祝，则《礼》总其端；纪传铭檄，则《春秋》为根：并穷高以树表，极远以启疆，所以百家腾跃，终

入环内者也"。

②诏命策檄（xí）：诏、命、策谓皇帝向下颁发的命令文书；檄为用于征讨的官府文书。《文心雕龙·诏策》："命者，使也。秦并天下，改命曰制。汉初定仪则，则命有四品：一曰策书，二曰制书，三曰诏书，四曰戒敕。敕戒州部，诏诰百官，制施赦命，策封王侯。策者，简也。制者，裁也。诏者，告也。敕者，正也。"又《文心雕龙·檄移》："至周穆西征，祭公谋父称'古有威让之令，令有文告之辞'，即檄之本源也。……檄者，皦（jiǎo）也。宣露于外，皦然明白也。"

③序述论议：序、述为叙事性文体；论、议为说理性文体。《文心雕龙·论说》："故议者宜言，说者说语，传者转师，注者主解，赞者明意，评者平理，序者次事，引者胤辞：八名区分，一揆宗论。论也者，弥纶群言，而研精一理者也。"

④歌咏赋颂：四种文学性文体。《文心雕龙·明诗》："民生而志，咏歌所含。"《文心雕龙·诠赋》："《诗》有六义，其二曰赋。赋者，铺也，铺采摛文，体物写志也。"又《文心雕龙·颂赞》："四始之至，颂居其极。颂者，容也，所以美盛德而述形容也。"

⑤祭祀哀诔：祭祀谓祭祀祖宗神明时使用的文体；哀辞为悼念早夭的小孩或暴死之人的文体；诔为

记述死者生平行迹的文体。《文心雕龙·哀吊》："赋宪之谥，短折曰哀。哀者，依也，悲实依心，故曰哀也。以辞遣哀，盖下流之悼，故不在黄发，必施夭昏。"又《文心雕龙·诔碑》："诔者，累也，累其德行，旌之不朽也。"

⑥书奏箴铭：书为书信；奏为书的一种，特指臣子向君王的上书；箴为规劝与告诫他人的文体；铭则是刻在器物、建筑上，歌颂功德的文体。《文心雕龙·书记》："故书者，舒也。舒布其言，陈之简牍，取象于夬（guài），贵在明决而已。"《文心雕龙·奏启》："奏者，进也。言敷于下，情进于上也。"《文心雕龙·铭箴》："故铭者，名也，观器必也正名，审用贵乎盛德。"又同篇云："箴者，针也，所以攻疾防患，喻针石也。"

⑦宪章：典章制度。

⑧誓诰：号令之辞。

⑨敷显：传布显扬。

⑩牧：治理。

⑪性灵：指人的情感与性情。六朝时期，以文学作品陶冶性灵、直抒胸臆为贵，如钟嵘《诗品》评价阮籍的诗歌作品："《咏怀》之作，可以陶性灵，发幽思。言在耳目之内，情寄八荒之表。"

⑫讽谏：委婉规劝。

⑬行有余力，则可习之：《论语·学而》载"行

有余力，则以学文"。

⑭轻薄：言行不庄重、不敦厚。六朝时期，多有对文士行事与人品的批评。如曹丕《与吴质书》云："观古今文人，类不护细行，鲜能以名节自立。"又《文心雕龙·程器》对司马相如、扬雄、冯衍、杜笃、班固、马融、孔融、祢衡等众多文士的道德品质进行了批评指摘，可与本段内容参看。

⑮屈原露才扬己，显暴君过：屈原作《离骚》，指斥楚怀王、顷襄王，言辞激烈。班固《离骚序》称："今若屈原，露才扬己，竞乎危国群小之间，以离谗贼。"

⑯宋玉体貌容冶，见遇俳优：宋玉体貌闲丽，因此被楚王作为俳优艺人对待。宋玉《登徒子好色赋》："大夫登徒子侍于楚王，短宋玉曰：'玉为人体貌闲丽，口多微辞，性又好色，王勿令出入后宫。'"《史记·屈原列传》："屈原既死之后，楚有宋玉、唐勒、景差之徒者，皆好辞而以赋见称。然皆祖屈原之从容辞令，终莫敢直谏。"俳优，以乐舞谐戏为业的艺人。《韩非子·难三》："俳优侏儒，固人主之所与燕也。"

⑰东方曼倩，滑稽不雅：东方朔为郎官，常伴武帝左右，调笑诙谐，武帝视之为俳优。《汉书·东方朔传》："东方朔，字曼倩，平原厌次人也。……后常为郎，与枚皋、郭舍人俱在左右，诙啁（tiào）而已。"传中多记载东方朔为人滑稽、善嬉弄之事，可

证颜之推之说。

⑱司马长卿，窃赀（zī）无操：司马相如有雅才，善鼓琴，临邛豪富卓王孙之女卓文君知音识曲，慕相如才气而与之私奔。二人归相如故里成都，家徒四壁，无所立身，便回到临邛，文君当垆卖酒，相如替人涤器。卓王孙感到不齿，只得送给女儿女婿大量金钱、童仆。二人遂回到成都，用卓王孙赠与的钱财买田宅，成为当地富贵人家。赀，同"资"，财货。

⑲王褒过章《僮约》：王褒有文名《僮约》，文中自言"止寡妇杨惠舍"，有违礼数。

⑳扬雄德败《美新》：王莽篡汉自立，国号为新。扬雄身为汉臣，却不能持守节义，反而模仿司马相如《封禅文》，作《剧秦美新》，对王莽与新朝歌功颂德，这件事被视为扬雄品德上的污点。

㉑李陵降辱夷虏：天汉二年，李陵率步兵五千人，出居延北，为匈奴所袭。陵兵马疲惫，为匈奴所擒，不得不降于夷虏，后娶单于之女，自是之后，身败名裂，事见《史记·李将军列传》。

㉒刘歆反覆莽世：刘歆为王莽腹心，莽之篡汉，刘歆多参与其中，作符命、议封号，称莽功德。王莽称帝后，以刘歆为国师。

㉓傅毅党附权门：傅毅先后与外戚马防、窦宪关系亲密，并以此获官。《后汉书·文苑传》："傅毅，字武仲，扶风茂陵人也。"

㉔班固盗窃父史：班固父班彪，继司马迁《史记》而作后传数十篇，未竟而亡。班固续写父史，仅在韦玄成、翟方进与元后传赞称司徒掾班彪作，其他篇目则讳而不言，故颜之推称其举盗窃父史以为己出。

㉕元叔抗竦（sǒng）过度：东汉赵壹，为人恃才倨傲，为世所不容，屡屡得罪。作《刺世疾邪赋》《穷鸟赋》等文，抒发怨愤。又汉阳郡举荐赵壹为上郡吏，当时的宰相袁滂接见他，赵壹却长揖不跪，其狂傲如此，故颜之推以为过度。《后汉书·文苑传》："赵壹，字元叔，汉阳西县人也。体貌魁梧，身长九尺，美须豪眉，望之甚伟。而恃才倨傲，为乡党所摈，乃作《解摈》，后屡抵罪，几至死，友人救得免。"

㉖冯敬通浮华摈压：冯衍行事空浮，文过其实，故屡遭谗毁，一生栖迟于小官。《后汉书·冯衍传》："冯衍，字敬通，京兆杜陵人也。……显宗即位，又多短衍以文过其实，遂废于家。"

㉗马季长佞媚获诮：马融为汉末大儒。邓氏当权时，马融曾上《广成颂》讽谏朝廷，遭到邓氏的不满，被下令禁止为官。此后马融便谄媚权贵，不敢与之为敌。后大将军梁冀当权，马融为他起草陷害太尉李固的奏折，又作《大将军西第颂》讨好梁冀，故为时人所讥。《后汉书·马融传》："马融，字集长，扶风茂陵人也。"

㉘蔡伯喈同恶受诛：汉末董卓专权时，优待蔡

邕，令其三日之内历任高官，又得封侯。后董卓伏诛，蔡邕在司徒王允坐，为之叹息，王允因此逮捕了蔡邕，将他下狱，后蔡邕死于狱中。

㉙吴质诋忤乡里：吴质少时，游走于权贵之间，不屑与乡里人同列。故虽获得官位，却不被本国人视为名士。《三国志·魏书·王粲传附吴质传》裴松之注引《魏略》曰："质字季重，以才学通博为五官将。……始质为单家，少游遨贵戚间，盖不与乡里相沉浮，故虽已出官，本国犹不与之士名。"

㉚曹植悖慢犯法：曹植为人不拘小节，屡有怠慢法度之事。初为曹操所爱，有意以其为太子，后因醉酒误事，又擅开司马门，为曹操所厌恶。曹丕即位后，曹植出为诸侯王，因醉酒劫胁监国谒者灌均，贬爵为安乡侯。

㉛杜笃乞假无厌：杜笃为人不拘小节，客居美阳期间，与美阳令交往，多次向他拉关系、走后门，索取无度，导致二人相互不满。美阳令怨恨杜笃，抓捕了他并送往京师。《后汉书·文苑传》："杜笃，字季雅，京兆杜陵人也。"

㉜路粹隘狭已甚：路粹曾承曹操之意，多次致孔融之罪。孔融遭到诛杀之后，时人观览路粹的作品，皆佩服他的才华而畏惧他的文章，害怕他以文字构陷自己。《三国志·魏书·王粲传》裴松之注引《典论》云："粹字文蔚，与陈琳、阮瑀等典记室。"

㉝陈琳实号粗疏：《三国志·魏书·王粲传》裴松之注引《典论》"韦仲将云：'……孔璋实自麤疏'"。陈琳，字孔璋，广陵射阳人。

㉞繁（pó）钦性无检格：同上。韦仲将云："休伯都无检格。"繁钦，字休伯，以文才机辩得名于汝颍之间。检格，规矩、法度。

㉟刘桢屈强输作：刘桢与曹丕等友善，丕曾宴请诸文学，酒酣耳熟之际，命夫人甄氏出拜。众人皆伏拜，唯独刘桢与夫人平视。曹操听说这件事后，逮捕了刘桢，并惩罚他作劳役。输作，因犯罪罚作劳役。

㊱王粲率躁见嫌：杜袭强识博文，为曹操所重，曾与之坐谈至于夜半。王粲性躁竞，率尔问曰："不知道明公与杜袭能够谈论什么直到夜半？"杜袭回答说，论天下之事，怎么能有穷尽呢？

㊲孔融、祢衡，诞傲致殒：孔融、祢衡为人放诞倨傲，多次忤逆曹操而遭到诛杀。孔融曾对曹操进军乌丸抱有异议，又反对行禁酒令，多次著文攻讦之，故为曹操所厌恶。祢衡与孔融为忘年之交，年少倨傲，先后得罪曹操、刘表、黄祖等人，最终为黄祖所杀。《后汉书·孔融传》："孔融，字文举，鲁国人，孔子二十世孙也。"《后汉书·文苑传》："祢衡，字正平，平原般人也。少有才辩，而尚气刚傲，好矫时慢物。"

㊳杨修、丁廙（yì），扇动取毙：曹植与曹丕争

为太子，杨修、丁廙党附曹植，数次劝谏曹操立贤不立长。曹操惧怕自己死后因兄弟争权而出现变故，便找借口诛杀了杨修。曹丕即位后，又杀害了丁廙及其家男口。《三国志·魏书·陈思王植传》裴松之注引《典论》云："杨修，字德祖，太尉彪子也。"又引《魏略》谓："丁仪，字正礼，沛郡人也。……廙字敬礼，仪之弟也。"

㊴阮籍无礼败俗：阮籍行为放浪，不遵礼法。阮籍母亲逝世，其时阮籍正与人对弈。对者请求暂停，阮籍不许，坚持下完此局。既而饮酒二斗，突然高声嚎哭，呕血数升。何曾向晋武帝检举阮籍行为无礼，要求将他放逐，晋武帝念阮籍身体羸弱，并没有听从何曾的建议。

㊵嵇康凌物凶终：嵇康傲气凌人，为世俗所不容，坐吕安案遇害。

㊶傅玄忿斗免官：傅玄曾举荐皇甫陶为官，皇甫陶得到重用后，反而向天子诋毁傅玄。二人争言喧哗，导致皆被免官。《晋书·傅玄传》："傅玄，字休奕，北地泥阳人也。"

㊷孙楚矜夸凌上：孙楚有才气，为人倨傲，曾为石苞骠骑参军事，傲慢少礼，二人遂生嫌隙。《晋书·孙楚传》："孙楚，字子荆，太原中都人也。"

㊸陆机犯顺履险：陆机先为赵王伦相国参军，赵王伦篡位，以陆机为中书郎。赵王伦兵败受戮，齐王

冈疑陆机为赵王作《九锡文》及《禅诏》，欲杀之，成都王颖等救乃得免。后委身成都王颖，助其起兵讨长沙王，军败遭谮，于军中遇害。陆机频繁参与到晋室诸侯王的权力争夺之中，使自己立于危墙之下，故称犯顺履险。

㊹潘岳干没取危：潘岳性轻躁，驱世利，先后依附外戚杨骏、权贵贾谧，追逐名利，不知满足，以致遭到迫害。干没，投机图利。

㊺颜延年负气摧黜：颜延年少有才气，文章冠绝当时，然恃才傲物，为刘湛等人所妒忌。刘湛短颜延年于刘义康，出其为永嘉太守。颜延年怨愤而作《五君咏》，刘湛又谮之于宋文帝，颜延年复以此见黜。《宋书·颜延之传》："颜延之，字延年，琅琊临沂人也。"

㊻谢灵运空疎乱纪：谢灵运为世家子弟，为人豪奢，任性恣肆，多违礼数。出任永嘉太守期间，肆意遨游，不理政务。后任秘书监、侍中，常出郭游行，或称疾不朝，很少履行职责，参与到朝政之中。宋文帝因其懒怠政事，遣其东归。谢灵运便隐居始宁，大兴土木，凿山浚湖，扰乱民生。后兴兵叛逸，有谋逆之志，遂为文帝所杀。《宋书·谢灵运传》："谢灵运，陈郡阳夏人也。……袭封康乐公，食邑二千户。……性奢豪，车服鲜丽，衣裳器物多改旧制，世共宗之，咸称谢康乐也。"

㊼王元长凶贼自诒（yí）：王融与齐竟陵王萧子良相友善，为竟陵八友之一。齐武帝病重，时萧子良在殿内，王融带兵立于中书省阁口，阻止郁林王萧昭业的仪仗进入殿内，欲矫诏立萧子良为帝。齐武帝崩后，西昌侯萧鸾拥萧昭业入殿即位，王融事败，后伏诛。《南齐书·王融传》："王融，字元长，琅琊临沂人也。"诒，留给、导致。

㊽谢玄晖侮慢见及：谢朓曾经因鄙薄江祏（shí）为人而轻视、怠慢他，此后江祏追随始安王萧遥光，屡次向其构陷谢朓，导致谢朓被下狱而死。

㊾翘秀者：出类拔萃者。

㊿汉武帝罢黜百家，独尊儒术，修建学校，敦崇风俗，然而晚年昏聩，造成巫蛊之祸。

51曹操、曹丕、曹睿号为三祖，尤长于乐府，然曹操篡夺汉室，不免汉贼之讥；曹丕与兄弟争权夺利，导致兄弟阋（xì）墙；曹睿好为宫室，大兴土木，残害民生。

52宋孝武帝好文章，常于宴集酣乐之后赋诗，并将诗作赐予群臣。但其沉湎酒色，纳其叔父之女为贵妃，取乐荒唐，为世所讥。

53皆负世议，非懿德之君也：谓自汉武至宋孝帝，皆有文才，然人品、行事不免有受到指摘之处，并非完人。

54子游、子夏：孔子弟子。《论语·先进》：

“文学：子游、子夏。”

(55) 荀况：即荀子，战国时期儒家学派代表人物，曾游学于齐，后往楚国，春申君命其为兰陵令。春申君死后，荀子免官，遂定居于兰陵，勤于著书。

(56) 孟轲（kē）：即孟子，战国中期儒家学派代表人物。曾游说齐宣王、梁惠王，欲其行王道而弃霸道。学说既不见用，便回到故乡，著书立说。

(57) 枚乘：西汉时人，善作赋，游梁孝王。梁孝王薨后，枚乘归淮阴。汉武帝即位后，安车蒲轮征枚乘入京。时乘年老，死于上京途中。《汉书·枚乘传》：“枚乘，字叔，淮阴人也。”

(58) 贾谊：西汉时人，能诵诗书，工为文章，汉文帝召为博士。后为周勃、灌婴等大臣排挤，降为长沙王、梁怀王太傅。任梁怀王太傅时，怀王坠马而死，贾谊深自歉疚，郁郁而终。《汉书·贾谊传》：“贾谊，洛阳人也。年十八，以能诵诗书属文称于郡中。”

(59) 苏武：西汉时人，曾出使匈奴。匈奴多次威逼利诱，欲使苏武投降，苏武秉持节义，誓死不从，被放逐至北海牧羊，十九年后方获释归汉。《汉书·苏武传》：“武字子卿，少以父任，兄弟并为郎。”

(60) 张衡：东汉时人，善为赋，为政清廉，老而寿终。《后汉书·张衡传》：“张衡，字平子，南阳西鄂人也。世为著姓，祖父堪，蜀郡太守。衡少善属文，游于三辅，因入京师，观太学，遂通《五经》，贯六艺，虽才高于世，而无骄尚之情，常从容淡静，不好交接俗人。”

(61)左思：西晋时人，工于为赋，曾积思十年作《三都赋》，为司空张华所爱，致使豪富之家竞相抄写，洛阳为之纸贵。曾依附权贵贾谧，为其二十四友之一，贾谧被诛后，退居宜春里，以著述为业，不参与政治纷争。《晋书·文苑传》：“左思，字太冲，齐国临淄人也。……善阴阳之术，貌寝口讷而辞藻壮丽，不好交游，惟以闲居为事。”俦（chóu）：同类的人。

(62)有盛名而免过患者，时复闻之，但其损败居多耳：谓自子游至于左思之类的人，他们颇负盛名而又能尽量避免人品、行为上的过失，但他们中的很多人仍然不能免于遭受祸患。

(63)标举兴会：情致高妙。《宋书·谢灵运传论》：“灵运之兴会标举，延年之体裁明密，并方轨前秀，垂范后昆。”

(64)矜伐：自恃才能而自夸恣耀。

(65)持操：操守。《庄子·齐物论》载罔两问景曰：“曩子行，今子止；曩子坐，今子起。何其无持操与？”

(66)弥切：更加深切。

(67)惬当：恰当。

(68)清巧：清新奇巧。

⑥⑨惨于矛戟：《荀子·荣辱》载"故与人善言，暖于布帛；伤人之言，深于矛戟"。

⑦⑩元吉：大吉、洪福。《易·坤》："黄裳元吉。"元，大。

学问有利钝，文章有巧拙。钝学累功，不妨精熟；拙文研思，终归蚩鄙①。但成学士，自足为人。必乏天才，勿强操笔②。吾见世人，至无才思，自谓清华③，流布丑拙，亦以众矣，江南号为詅痴符④。近在并州，有一士族，好为可笑诗赋，诮擊邢、魏诸公⑤，众共嘲弄，虚相赞说，便击牛酾酒⑥，招延声誉。其妻，明鉴妇人也，泣而谏之。此人叹曰："才华不为妻子所容，何况行路⑦！"至死不觉。自见之谓明，此诚难也。

【注释】

①蚩（chī）鄙：粗俗拙陋。陈琳《答东阿王笺》："夫听《白雪》之音，观《绿水》之节，然后东野巴人，蚩鄙益者。"

②强（qiǎng）：勉强。操笔：执笔作文。

③清华：辞藻清新秀美。《晋书·左贵嫔传》：

"言及文义，辞对清华。"

④詅（líng）痴符：六朝时期江南俗语，谓文辞萎靡，缺乏风骨气度，而又喜欢自卖自夸之人。詅，卖。

⑤誂（tiǎo）擊（piē）：吴地方言，谓戏弄、嘲弄。邢、魏诸公：邢邵、魏收等人，北朝文士之冠。《北齐书·邢邵传》："邢邵，字子才，河间鄚人也。……十岁便能属文，雅有才思，聪明强记，日诵万余言。……与济阴温子昇（shēng）为文士之冠，世论谓之温、邢。钜鹿魏收虽天才艳发，而年事在二人之后，故子昇死后，方称邢、魏焉。"

⑥击牛釃（shī）酒：杀牛滤酒，准备酒菜宴飨宾客。釃，滤酒。

⑦行路：路人、陌生人。《文选·苏子卿诗》："四海皆兄弟，谁为行路人。"

学为文章，先谋亲友，得其评裁①，知可施行，然后出手；慎勿师心自任②，取笑旁人也。自古执笔为文者，何可胜言。然至于宏丽精华，不过数十篇耳。但使不失体裁③，辞意可观，便称才士；要须动俗盖世，亦俟河之清④乎！

【注释】

①评裁：品评裁断。

②师心自任：自以为是，不肯接受他人的批评建议。

③体裁：即体制，指文章的结构布局。

④俟河之清：等待黄河变清，指期望的事情无法实现。《左传·襄公八年》："《周诗》有之曰：'俟河之清，人寿几何？'"

　　不屈二姓①，夷、齐②之节也；何事非君③，伊、箕④之义也。自春秋已来，家有奔亡，国有吞灭，君臣固无常分⑤矣；然而君子之交绝无恶声⑥，一旦屈膝而事人，岂以存亡而改虑？陈孔璋居袁裁书，则呼操为豺狼⑦；在魏制檄，则目绍为蛇虺⑧。在时君⑨所命，不得自专，然亦文人之巨患也，当务从容消息⑩之。

【注释】

①二姓：两朝君主。

②夷、齐：伯夷、叔齐为商末孤竹君二子，不食周粟，饿死于首阳山。《史记·伯夷叔齐列传》："伯夷、叔齐，孤竹君之二子也。……武王已平殷

乱，天下宗周，而伯夷、叔齐耻之，义不食周粟，隐于首阳山，采薇而食之。及饿且死，作歌，其辞曰……"

③何事非君：倒装句，当作"何君非事"，哪个君主不能侍奉呢？《孟子·公孙丑上》："何事非君，何使非民，治亦进，乱亦进，伊尹也。"

④伊：伊尹，夏末商初人，辅佐成汤打败夏桀而建立商朝，历事商代五位君主，劳苦功高。箕（jī）：箕子，商纣时人。商纣淫乱天下，箕子苦谏而不听。有人劝说箕子离开自己的国家，箕子不忍，便披发佯狂而为奴。

⑤常分：定分，固定的名位。

⑥君子之交绝无恶声：《乐毅报燕惠王书》载"臣闻古之君子，交绝不出恶声；忠臣去国，不洁其名"。

⑦陈孔璋居袁裁书，则呼操为豺狼：官渡之战前，陈琳为袁绍手下谋士，为绍作檄文讨伐曹操，文中称："而操豺狼野心，潜包祸谋，乃欲摧挠栋梁，孤弱汉室，除灭忠正，专为枭雄。"

⑧在魏制檄，则目绍为虺蜴：陈琳后降曹操，为其写作檄文，称袁绍为虺蜴。陈琳此文今已无考。

⑨时君：当时的君主。

⑩消息：斟酌。

或问扬雄曰："吾子少而好赋？"雄曰："然。童子雕虫篆刻，壮夫不为也[①]。"余窃非之曰：虞舜歌《南风》之诗[②]，周公作《鸱鸮》之咏[③]，吉甫、史克《雅》《颂》之美者[④]，未闻皆在幼年累德也。孔子曰："不学《诗》，无以言[⑤]。""自卫返鲁，乐正，《雅》《颂》各得其所[⑥]。"大明孝道，引《诗》证之[⑦]。扬雄安敢忽之也？若论"诗人之赋丽以则，辞人之赋丽以淫[⑧]"，但知变之而已，又未知雄自为壮夫何如也？著《剧秦美新》[⑨]，妄投于阁[⑩]，周章怖慴[⑪]，不达天命，童子之为耳。桓谭以胜老子[⑫]，葛洪以方仲尼[⑬]，使人叹息。此人直以晓算术，解阴阳，故著《太玄经》[⑭]，数子为所惑耳；其遗言余行，孙卿、屈原之不及，安敢望大圣之清尘[⑮]？且《太玄》今竟何用乎？不啻覆酱瓿[⑯]而已。

【注释】

①见扬雄《法言·吾子》。雕虫篆刻：秦始皇制定的八种书体，童子初入学时需要学习，以此比喻词章小技。《说文序》云："秦书有八体：一曰大篆，二曰小篆，三曰刻符，四曰虫书，五曰摹印，六曰

署书，七曰殳（shū）书，八曰隶书。"雕虫，即指虫书。

②虞舜歌《南风》之诗：《礼记·乐记》载"昔者，舜作五弦之琴，以歌《南风》"。

③周公作《鸱鸮》之咏：《诗·豳风·鸱鸮》相传为周公写给成王，表达自己拯危救乱、忠于王室之志的诗。

④吉甫、史克《雅》《颂》之美者：《诗·大雅》中的《崧高》《烝民》《韩奕》，为尹吉甫赞美周宣王而作；《诗·鲁颂·駉》为史克赞颂鲁僖公而作。

⑤不学《诗》，无以言：出自《论语·季氏》。

⑥自卫返鲁，乐正，《雅》《颂》各得其所：出自《论语·子罕》。乐正，乐的内容、数量、顺序等得到整理与厘清。

⑦大明孝道，引《诗》证之：《孝经》讲述孝道，每章均引《诗》以为证。

⑧诗人之赋丽以则，辞人之赋丽以淫：见扬雄《法言·吾子》。则，符合法度。淫，过分，超越法度。

⑨《剧秦美新》：扬雄所作，文中指斥秦朝之失，赞扬、美化王莽篡汉所立之新朝。

⑩妄投于阁：王莽借助谶纬、符命篡汉自立，称帝以后，惧怕他人利用符命推翻自己的统治，于是下令禁绝之。刘歆之子刘棻（fēn）、甄丰之子甄寻复

献符命于莽，莽诛甄丰父子，流放了刘棻。其时扬雄在天禄阁校书，有使者来，扬雄惧怕受到牵连而从阁上一跃而下。扬雄本未参与到刘、甄献符命之事中，只是因为曾经与刘棻有师徒关系，便妄自投阁，引人发笑。

⑪怖慑（shè）：恐惧。慑，同"慑"。

⑫桓谭以胜老子：《汉书·扬雄传》记载，严尤询问桓谭，扬雄之书可否流传后世。桓谭认为老子之书词意虚无，菲薄仁义道德，后世仍为帝王将相、文人雅士所好。扬雄之书，文义深沉，遵循圣人之道，更优于老子之书，后世一定会广为流传。《后汉书·桓谭传》："桓谭，字君山，沛国相人也。……好音律，善鼓琴，博学多通，遍习《五经》，皆训诂大义，不为章句。能文章，尤好古学，数从刘歆、扬雄辩析疑议。"

⑬葛洪以方仲尼：葛洪《抱朴子·尚博》载"又世俗率神贵古昔，而黩贱同时。……是以仲尼不见重于当时，《太玄》见蚩薄于比肩也"。《晋书·葛洪传》："葛洪，字稚川，丹阳句容人也。"

⑭《太玄经》：《汉书·扬雄传》载"（扬雄）以《经》莫大于《易》，故作《太玄》；《传》莫大于《论语》，作《法言》"。

⑮清尘：车后扬起的尘土，以清称之，表示尊敬。《楚辞·远游》："闻赤松之清尘兮，愿承风乎

遗则。"

⑯不啻（chì）：无异于、如同。瓿（bù）：用来盛放酒水或酱料的小瓮。

齐世有席毗^①者，清干^②之士，官至行台尚书^③，嗤鄙文学，嘲刘逖^④云："君辈辞藻，譬若荣华^⑤，须臾之翫^⑥，非宏才也；岂比吾徒千丈松树^⑦，常有风霜，不可凋悴矣！"刘应之曰："既有寒木，又发春华，何如也？"席笑曰："可哉！"

【注释】

①席毗（pí）：北齐将领。宇文邕围剿晋阳时，席毗曾网罗精兵，与之力战，后被李礼成带兵击退。

②清干：清明能干。

③行台尚书：北齐官名，随时、随事而置，掌管地方军事、政务。行台，尚书省临时在外设置的分支机构。

④刘逖（tì）：《北齐书·文苑传》载"刘逖，字子长，彭城丛亭里人。……逖远离乡家，倦于羁旅，发愤自励，专精读书。晋阳都会之所，霸朝人士攸集，咸务于宴集。逖在游宴之中，卷不离手，遇有

文籍所未见者，则终日讽诵，或通夜不归。其好学如此"。

⑤荣华：即朝菌，一种朝生夕死的菌类植物，形容生命极其短暂。《文选·郭景纯游仙诗》李善注引潘岳《朝菌赋序》云："朝菌者，时人以为荣华，庄生以为朝菌，其物向晨而结，绝日而殒。"

⑥翫（wán）：同"玩"，戏弄；玩耍。

⑦千丈松树：六朝时期，常以千丈松树称赞人有栋梁之才。如《世说新语·赏誉》："庾子嵩目和峤森森如千丈松，虽磊砢（luǒ）有节目，施之大厦，有栋梁之用。"

凡为文章，犹人乘骐骥①，虽有逸气②，当以衔勒③制之，勿使流乱轨躅④，放意⑤填坑岸也。

【注释】

①骐骥：千里马。曹丕《典论·论文》："咸以自骋骥騄于千里，仰齐足而并驰。"

②逸气：俊逸之气。

③衔：马嚼口。勒：马络头。

④轨躅（zhú）：车的辙迹。

⑤放意：肆意、纵意。

196

文章当以理致^①为心肾，气调^②为筋骨，事义^③为皮肤，华丽为冠冕。今世相承，趋末弃本^④，率多浮艳^⑤。辞与理竞，辞胜而理伏；事与才争，事繁而才损。放逸者流宕^⑥而忘归，穿凿者补缀^⑦而不足。时俗如此，安能独违？但务去泰去甚耳。必有盛才重誉^⑧，改革体裁者，实吾所希^⑨。

【注释】

①理致：义理情致。

②气调：气韵才调。

③事义：文章运用的典故。

④趋末弃本：颜之推以理致与气调为文章之本，事义与华丽为文章之末，谓当今文学之士，一味追逐文辞的优美、用事的繁密，而忽视了文章的思想性情。《文心雕龙·附会》云："夫才量学文，宜正体制。必以情志为神明，事义为骨髓，辞采为肌肤，宫商为声气。"颜之推与刘勰看待文章本末，观点相仿。

⑤浮艳：轻浮华艳。

⑥流宕：放荡不受约束。

⑦补缀：缝合连缀，此处谓堆砌、拼凑材料以为文章。

⑧盛才：大才。重誉：重名，隆重的声誉。

⑨希：望。

古人之文，宏才逸气，体度①风格，去今实远；但缉缀②疎朴，未为密致耳。今世音律谐靡③，章句偶对④，讳避精详，贤于往昔多矣。宜以古之制裁为本，今之辞调为末，并须两存，不可偏弃也。

【注释】

①体度：体态风度。

②缉缀：联缀字句而成文章。

③音律：魏晋南朝，越来越重视文章的声律美，讲究四声八病，音韵和谐。《南史·陆厥传》记载："时盛为文章，吴兴沈约、陈郡谢朓、琅琊王融，以气类相推毂（gǔ），汝南周颙善识声韵。约等文皆用宫商，将平上去入四声，以此制韵，有平头、上尾、蜂腰、鹤膝，五字之中，轻重悉异；两句之内，角徵不同，不可增减，世呼为永明体。"谐靡：和谐靡丽。

④偶对：诗文对偶，谓相邻两句字数相等、结构相同。

吾家室①文章，甚为典正，不从流俗②，梁孝元在蕃邸时③，撰《西府新文》④，讫无一篇见录者，亦以不偶⑤于世，无郑、卫之音⑥故也。有诗赋铭诔书表启疏二十卷，吾兄弟始在草土⑦，并未得编次，便遭火荡尽，竟不传于世。衔酷茹⑧恨，彻于心髓！操行见于《梁史·文士传》及孝元《怀旧志》⑨。

【注释】

①家室：颜氏自得氏以来，屡有善儒学、文学之士。如孔子弟子，以德行著称之颜回，战国时齐国隐士颜斶（chù），汉代以春秋名家之颜驷、颜安乐等。

②流俗：流移之俗。《孟子·尽心下》："同乎流俗。"《礼记·射义》："不从流俗。"

③梁孝元在蕃邸时：指萧绎为湘东王时。

④《西府新文》：《隋书·经籍志》载有《西府新文》十一卷，为梁萧淑撰，此书当为萧绎命萧淑编写，辑录诸臣僚文章。西府，指江陵。荆州居分陕之要，故称江陵为西府。

⑤不偶：不遇、不合。

⑥郑、卫之音：先秦时期，郑国、卫国的民间音乐，为不遵礼法的靡靡之音。这里指当时流行的浮华艳丽的文章。《礼记·乐记》："郑卫之音，乱世之

音也，比于慢矣。桑间濮上之音，亡国之音也，其政散，其民流，诬上行私而不可止也。"

⑦草土：指居亲丧期间。

⑧茹：吃。

⑨孝元《怀旧志》：《隋书·经籍志》载有《怀旧志》九卷，梁元帝撰。《金楼子·著书》载有《怀旧志》一秩一卷，并录有《怀旧序》。

　　沈隐侯①曰："文章当从三易：易见事，一也；易识字，二也；易读诵，三也。"邢子才常曰："沈侯文章，用事不使人觉，若胸臆语②也。"深以此服之。祖孝征亦尝谓吾曰："沈诗云：'崖倾护石髓③。'此岂似用事邪？"

【注释】

①沈隐侯：沈约。《梁书·沈约传》："沈约，字休文，吴兴武康人也。……有司谥曰文，帝曰：'怀情不尽曰隐。'故改为隐。"

②胸臆语：指诗歌、文章直抒胸臆，不用典故。

③崖倾护石髓：此句诗看似为单纯描绘眼前景色，其实运用了《晋书·嵇康传》的典故。《嵇康传》记载，嵇康曾与王烈入山，采药服食。王烈寻得像麦芽糖一样柔

滑的石髓，自服其半，将另一半赠与嵇康。嵇康所得的那一半，却很快便凝结成了坚硬的石头，不可服用。

邢子才、魏收俱有重名[①]，时俗准的[②]，以为师匠[③]。邢赏服沈约而轻任昉[④]，魏爱慕任昉而毁沈约，每于谈燕，辞色以之[⑤]。邺下纷纭，各有朋党[⑥]。祖孝征尝谓吾曰："任、沈之是非，乃邢、魏之优劣也。"

【注释】

①重名：盛名，很高的名誉。

②准的：标准目的。《后汉书·灵帝纪》："其儇辈皆瞻望于宪，以为准的。"

③师匠：宗师大匠。

④任昉：《梁书·任昉传》载"任昉，字彦升，乐安博昌人"。沈约擅长作诗，任昉工于章表奏议等文章的写作，二人各有所长。钟嵘《诗品》任昉条称："（任昉）少年为诗不工，故世称沈诗任笔，昉深恨之。晚节爱好既笃，文亦遒变，善铨事理，拓体渊雅，得国士之风，故擢居中品。"

⑤辞色以之：争论得面红耳赤。

⑥朋党：同类人组成的集团。

《吴均集》有《破镜赋》[①]。昔者，邑号朝歌，颜渊不舍[②]；里名胜母，曾子敛襟[③]：盖忌夫恶名之伤实也。破镜乃凶逆之兽，事见《汉书》[④]，为文幸避此名也。比世往往见有和人诗者[⑤]，题云敬同[⑥]，《孝经》云："资于世父以事君而敬同[⑦]。"不可轻言也。梁世费旭[⑧]诗云："不知是耶非[⑨]。"殷沄[⑩]诗云："飘飏云母舟[⑪]。"简文曰："旭既不识其父，沄又飘飏其母。"此虽悉古事，不可用也。世人或有文章引《诗》"伐鼓渊渊"[⑫]者，《宋书》已有屡游之诮[⑬]；如此流比[⑭]，幸须避之。北面事亲，别舅摛《渭阳》之咏[⑮]；堂上养老，送兄赋桓山之悲[⑯]，皆大失也。举此一隅，触涂[⑰]宜慎。

【注释】

①吴均：《梁书·文学传》载"吴均，字叔庠（xiáng），吴兴故鄣（zhāng）人也。……均文体清拔，有古气，好事者或效之，谓为吴均体。"《破镜赋》：《隋书·经籍志》在有《吴均集》二十卷，《破镜赋》当在其中，其文今已不传。

②邑号朝歌，颜渊不舍：或以为乃墨子事。《汉书·邹阳传》云："里名胜母，曾子不入；邑号朝歌，墨子回车。"朝歌，邑名，商周王时立为国都。

古人以为，白日听歌是不合时宜的行为，因此墨子或颜渊听闻邑号朝歌，便回车不入。

③敛襟：整理衣襟，表示尊敬。

④破镜乃凶逆之兽，事见《汉书》：《汉书·郊祀志》载"后人复有言：'古天子常以春解祠，祠黄帝用一枭破镜'"。孟康注曰："枭，鸟名，食母；破镜，兽名，食父。黄帝欲绝其类，故使百吏祠皆用之。"

⑤比世：近世。和：和答。他人先作一首诗，在此基础上进行酬答，和诗内容往往与原诗紧密相关。

⑥敬同：即敬和、奉和，用于和诗题目，表示自谦。

⑦资于世父以事君而敬同：用奉事父亲的态度奉事君主，恭敬之心是相同的。资，取、拿。

⑧费旭：或为费虓（hán），王利器以为当作费昶（chǎng），费昶乐府《巫山高》"彼美岩之曲，宁知心是非"。《南史·何思澄传》："王子云，太原人，及江夏费昶，并为吕间里才子。昶善为乐府，又作《鼓吹曲》，武帝重之。"

⑨不知是耶非：六朝时期，耶为爷字省文，则此句可被误读为"不知道是不是我的父亲"。

⑩殷沄：当作殷芸。《梁书·殷芸传》："殷芸，字灌蔬，陈郡长平人。性倜傥，不拘细行，然不妄交游，门无杂客，励精勤学，博洽群书。"

⑪飘飏（yáng）：摇曳摆荡。云母舟：用云母装饰的华丽的游船。

⑫伐鼓渊渊：《诗·小雅·采芑（qǐ）》载"伐鼓渊渊，振旅阗（tián）阗"。

⑬《宋书》已有屡游之诮（qiào）：《宋书》当作宋玉。《金楼子·杂记上》云："宋玉戏太宰屡游之谈，流连反语，遂有鲍照伐鼓、孝绰布武、韦粲浮柱之作。"鲍照《行药至城东桥诗》云："鸡鸣关吏起。伐鼓早通晨。"伐鼓，故时置大鼓于城楼之上，晨昏开启、关闭城门时敲击它，用来报时。反语，六朝时期流行的一种隐语，类似于文字游戏。一个二字词中，先取上字声母和下字韵母、声调，组成一个新的字，再反过来，将下字的声母与上字的韵母、声调组成新的字，由这两个字组成一个新的词。伐鼓反语为腐骨，含义不详，故为人讥讽。诮，批评、讥讽。

⑭流比：同类、同辈、一类的人事。

⑮摛（chī）：铺陈作文。《渭阳》之咏：《诗·秦风·渭阳》为秦康公送别舅舅晋文公重耳之诗，作此诗时，康公之母秦姬已经去世，故诗中有"我送舅氏，悠悠我思"之语，思念自己故去的母亲。颜之推此处指，后人作诗送别舅舅，母亲尚在人世，却引用《渭阳》，是一大过失。

⑯桓山之悲：比喻父死而卖子。《孔子家语》记载：颜回听闻有哭声，知哭者非但为死者而哭，也为

204

生离别者而哭。传说桓山之鸟生四子，四子羽翼丰满后将分别飞往四方，其母悲鸣而送之，今日所闻哭声与桓山鸟之悲鸣相似。孔子派人询问悲哭者，对方果然说：我的父亲去世了，但是家无余财，只能卖掉自己的孩子来安葬亡父，今日与子长别。颜之推此处讥讽部分人作诗作文，自己父母尚在人世，却使用父死卖子的典故，显得不伦不类。

⑰触涂：各处、处处。

　　江南文制①，欲人弹射②，知有病累③，随即改之，陈王得之于丁廙也④。山东风俗，不通击难⑤。吾初入邺，遂尝以此忤人，至今为悔；汝曹必无轻议也。

【注释】

①文制：制文、作文。

②弹射：指摘、批评。

③病累：犹缺点，指声律方面发生失误。

④陈王得之于丁廙也：曹植《与杨德祖书》"仆尝好人讥弹其文，有不善者，应时改定。昔丁敬礼常作小文，使仆润饰之，仆自以才不过若人，辞不为也。敬礼谓仆：'卿何所疑难，文之佳恶，吾自得之，后世谁相

知定吾文者邪？'吾常叹此达言，以为美谈"。

⑤击难：攻击责难。

　　凡代人为文，皆作彼语，理宜然矣。至于哀伤凶祸之辞，不可辄代。蔡邕为胡金盈①作《母灵表颂》曰："悲母氏之不永，然委我而夙②丧。"又为胡颢③作其父铭曰："葬我考④议郎君。"《袁三公颂》曰："猗欤⑤我祖，出自有妫⑥。"王粲为潘文则《思亲诗》云："躬此劳悴⑦，鞠⑧予小人；庶我显妣⑨，克保遐年⑩。"而并载乎邕、粲之集，此例甚众。古人之所行，今世以为讳。陈思王《武帝诔》，遂深永蛰之思⑪；潘岳《悼亡赋》，乃怆手泽之遗⑫：是方父于虫⑬，匹妇于考⑭也。蔡邕《杨秉碑》云："统大麓⑮之重。"潘尼《赠卢景宣诗》云："九五思飞龙⑯。"孙楚《王骠骑诔》云："奄忽登遐⑰。"陆机《父诔》云："亿兆宅心⑱，敦叙百揆⑲。"《姊诔》云："倪天之和⑳。"今为此言，则朝廷之罪人也㉑。王粲《赠杨德祖诗》云："我君饯之，其乐洩洩㉒。"不可妄施人子，况储君㉓乎？

【注释】

①胡金盈：胡广之女。《后汉书·胡广传》："胡广，字伯始，南郡华容人也。"

②夙：早年。

③胡颢（hào）：胡广之孙。

④考：父亲。

⑤猗（yī）欤（yú）：感叹词，表示赞美。

⑥有妫（guī）：胡姓始祖胡公满，事周武王，周武王赐姓曰妫，封于陈地。

⑦劳瘁：因辛劳过度而致身体衰弱。《诗·小雅·蓼（lù）莪（é）》："哀哀父母，生我劳瘁。"

⑧鞠：养育。《诗·小雅·蓼莪》："母兮鞠我。"

⑨显妣：古代对亡母的美称。

⑩遐年：长寿。

⑪陈思王《武帝诔》，遂深永蛰之思：曹植《武帝诔》"潜闼（tà）一扃（jiōng），尊灵永蛰"。永蛰，长眠，指死亡。

⑫潘岳《悼亡赋》，乃怆手泽之遗：今《潘岳集》中并无此语，或已散佚不传。手泽，指先人留下的遗物或者手迹。

⑬方父于虫：蛰本义是指虫豸等埋藏在泥土中过冬，《礼记·月令》"东风解冻，蛰虫始振"即是此义。曹植作《武帝诔》，用"永蛰"比喻父亲离世长眠，故颜之推讥其将父亲比作蚊虫。

⑭匹妇于考：《礼记·玉藻》载"父没而不能读父之书，手泽存焉尔"。父亲去世后不忍读父亲生前的藏书，因为上边还留有父亲的笔记，看到难免伤神痛苦。潘岳作《悼亡赋》悼念亡妻，却称"手泽之遗"，是将妻子与父亲等同，为不当之举。

⑮大麓：总领，领录天子之事。《书·舜典》云："纳于大麓，烈风雷雨弗迷。"麓，即录，谓尧将把帝位让给舜，使其总录天下之事，后以此指称行使天子权力，总理万机之政。

⑯九五思飞龙：《易·乾卦》载"九五，飞龙在天，利见大人"。九五，原指乾卦第五爻（yáo）为阳爻，后代指君位。飞龙，谓圣人起而为天子。

⑰登遐：帝王之死。《礼记·曲礼下》："告丧曰天王登假。"假读作"遐"。

⑱亿兆：天子称庶民百姓为亿兆。《左传·闵公元年》："天子曰兆民。"宅心：归心。

⑲敦叙：亲顺和睦。百揆（kuí）：百官。

⑳倪（qiàn）天之和：《诗·大雅·大明》载"大邦有子，倪天之妹"。倪，好比、如同。

㉑今为此言，则朝廷之罪人也：自蔡邕至陆机，作诗作文，将只能用于君主、帝王的典故用在臣子、庶民身上，这样的作法是对君臣身份的僭越，因此会被视为朝廷之罪人。

㉒其乐洩（yì）洩：和乐舒散。《左传·隐公元

年》："大隧之外，其乐也洩洩。"

㉓储君：确定继承皇位等最高统治权的人。

挽歌①辞者，或云古者《虞殡》②之歌，或云出自田横之客③，皆为生者悼往告哀之意。陆平原多为死人自叹之言④，诗格⑤既无此例，又乖⑥制作本意。

【注释】

①挽歌：写给死者悼亡、送葬的诗歌。

②《虞殡》：送葬歌曲。《左传·哀公十一年》："将战，公孙夏命其徒歌《虞殡》。"

③田横之客：崔豹《古今注》记载，《薤里》《薤露》两首丧歌，为田横门人悼念他所作。田横原为齐国贵族，陈胜、吴广起义后，田横自封为齐王，与兄弟参与到反秦事业当中。刘邦统一天下后，召田横入京。田横不愿俯首称臣，又虑曾烹杀汉使郦食其，现在却将与郦食其的弟弟郦商并肩事主，心感有愧，便自刎而死。

④陆平原多为死人自叹之言：陆机《挽歌》"侧听阴沟涌，卧观天井悬。圹宵何寥廓，大暮安可晨？人往有返岁，我行无归年。昔居四民宅，今托万鬼

邻。昔为七尺躯，今成灰与尘。金玉素所佩，鸿毛今不振"。这首诗以死者为第一视角，内容皆死人自叹之言。陆平原，即陆机，陆机曾任平原内史。

⑤诗格：记载有关诗歌格式、体例、风格的作品。

⑥乖：违背。

　　凡诗人之作，刺箴美颂，各有源流，未尝混杂，善恶同篇也。陆机为《齐讴篇》，前叙山川物产风教之盛①，后章忽鄙山川之情②，殊失厥体。其为《吴趋行》③，何不陈子光、夫差乎④？《京洛行》⑤，胡不述赧王、灵帝乎⑥？

【注释】

①前叙山川物产风教之盛：陆机《齐讴行》"营丘负海曲，沃野爽且平。洪川控河济，崇山入高冥。东被姑尤侧，南界聊摄城。海物错万类，陆产尚千名"。

②后章忽鄙山川之情：陆机《齐讴行》"鄙哉牛山叹，未及至人情"。王利器谓此句为鄙薄齐景公，不能利用地利，光大桓公之业，并非忽鄙山川之义。

③《吴趋行》：崔豹《古今注》谓其为吴人歌唱吴地风土人情的作品。

④子光：春秋时期吴王阖（hé）闾（lú）。夫

差：阖闾之子。陆机作《吴趋行》，表达桑梓之思，并不以追溯吴地历史为主要内容，故没有提到春秋时期的吴国君主阖闾与夫差。

⑤《京洛行》：陆机之作至宋时已亡佚不存，今无从得见。郭茂倩《乐府诗集》收录有魏文帝、鲍照、戴嵩（gǎo）、张正见所作同名作品，其内容大多与洛阳一带的历史人物或风土人情密切相关。

⑥胡：为什么。赧王：周朝的末代天子周赧王。灵帝：东汉晚期君主汉灵帝刘宏。周赧王与汉灵帝两位君主与周、汉二代的覆灭密切相关，陆机写《京洛行》，应当追溯以洛阳为帝京的王朝的历史，却不涉及这两位君主，颜之推认为这是陆机作诗的一大失误。

自古宏才博学，用事误者有矣；百家杂说，或有不同，书傥湮灭，后人不见，故未敢轻议之。今指知决纰缪者①，略举一两端以为诫。《诗》云："有鷕雉鸣②。"又曰："雉鸣求其牡③。"毛《传》④亦曰："鷕，雌雉声。"又云："雉之朝雊，尚求其雌⑤。"郑玄注《月令》⑥亦云："雊，雄雉鸣。"潘岳赋⑦曰："雉鷕鷕以朝雊。"是则混杂其雄雌矣⑧。《诗》云："孔怀兄弟⑨。"孔，甚也；怀，思也，言甚可思也。陆机《与长沙顾母书》，述从祖弟士璩死，乃言："痛心拔脑⑩，有如孔怀。"心既痛矣，即为甚思，何故方言有如也？观其此意，当谓亲兄弟为孔怀⑪。《诗》云："父母孔迩⑫。"而呼二亲为孔迩，于义通乎？《异物志》⑬云："拥剑状如蟹，但一螯偏大尔。"何逊⑭诗云："跃鱼如拥剑⑮。"是不分鱼蟹也。《汉书》："御史府中列柏树，常有野鸟数千，栖宿其上，晨去暮来，号朝夕鸟⑯。"而文士往往误作乌鸢用之。《抱朴子》⑰说项曼都诈称得仙，自云："仙人以流霞一杯与我饮之，辄不饥渴⑱。"而简文诗云："霞流抱朴椀⑲。"亦犹郭象以惠施之辨为庄周言也⑳。《后汉书》："囚司徒崔烈以银铛锒㉑。"银铛，大锁也；世间多误作金银字。武烈太子亦是数千卷学士㉒，尝作诗云："银缲三公脚，刀撞仆射头。"为俗所误。

【注释】

①决：一定、绝对。纰（pī）缪（miù）：错误。

②有鸒（yǎo）雉（zhì）鸣：见《诗·邶（bèi）风·匏（páo）有苦叶》。鸒，一种像野鸡的水鸟。雉，野鸡。

③雉鸣求其牡：同见于《诗·邶风·匏有苦叶》。牡，雄性。

④毛《传》：西汉时期，鲁人毛亨解说《诗经》而作的《训诂传》。

⑤雊之朝雊（gòu），尚求其雌：见《诗·小雅·小弁（biàn）》。雊，雄鸡鸣叫。

⑥《月令》：《礼记·月令》载"雁北乡，鹊始巢，雉雊，鸡乳"。

⑦潘岳赋：指潘岳《射雉赋》。

⑧是则混杂其雄雌矣：颜之推以为，根据《诗》、毛《传》与郑玄注《月令》可以得知，鹭是雌性野鸡的叫声，而雊为雄性野鸡的叫声。潘岳作赋云"雉鹭鹭以朝雊"，却将雌雄野鸡的鸣叫声混为了一谈。但实际上，古时作诗作文讲究互文，潘岳赋就运用了这种手法，指雌雄皆鸣，并不单指雌性或雄性野鸡的鸣叫。

⑨孔怀兄弟：《诗·小雅·棠棣》载"死丧之威，兄弟孔怀"。

⑩痛心拔脑：形容伤心到了极点。

⑪当谓亲兄弟为孔怀：古人用典，喜用歇后语。如陶渊明诗云："再喜见友于。"后人遂以兄弟为友于，杜甫《岳麓山道林二寺行》曰："山鸟山花吾友于。"陆机作诗，谓亲兄弟为孔怀，亦属此类。

⑫父母孔迩：见《诗·周南·汝坟》。

⑬《异物志》：《隋书·经籍志》载有《异物志》一卷，汉议郎杨孚（fú）撰。

⑭何逊：《梁书·文学传》载"何逊，字仲言，东海郯（tán）人也。逊八岁能赋诗，弱冠，州举秀才。南乡范云见其对策，大相称赏，因结忘年交好"。

⑮跃鱼如拥剑：何逊《渡连圻（qí）》载"鱼游若拥剑，猿挂似悬瓜"。

⑯御史府中列柏树，常有野鸟数千，栖宿其上，晨去暮来，号朝夕鸟：见《汉书·朱博传》。

⑰《抱朴子》：东晋葛洪著，分内外篇。内篇主要谈论神仙道教相关内容，外篇则以儒家为宗，讨论治民理政之术。

⑱仙人以流霞一杯与我饮之，辄不饥渴：见《抱朴子·内篇·祛惑》。葛洪此说本自王充《论衡·道虚》，《论衡》云："曼都好道学仙，委家亡去，三年而返。家问其状，曼都曰：'去时不能自知，忽见若卧形，有仙人数人，将我上天，离月数里而止。见月上下幽冥，幽冥不知东西。居月之旁，其寒凄怆。口饥欲食，仙人辄饮我以流霞一杯，每饮一杯，数月不饥。不知去几何年月，不知以何为过，忽然若卧，复下至此。'河东号之曰'斥仙'。实论者闻之，乃知不然。"

⑲霞流抱朴椀（wǎn）：简文帝此诗，是误项曼都言为葛洪言，将上天饮流霞者误为葛洪。椀，同"碗"。

⑳郭象以惠施之辨为庄周言也：《庄子·外篇·天下》自"惠施多方"以下，罗列了诸多惠施的观点言论，如鸡三足、马有卵、火不热等。郭象在亲自读到《庄子》之前，道听途说，认为这些言论都是出自庄子之口，不知只是庄子引用了惠子之言。

㉑囚司徒崔烈以锒（láng）铛（dāng）鏁（suǒ）：见《汉书·崔骃（yīn）传》。鏁，同"锁"。

㉒武烈太子：梁元帝长子萧方等。《南史·武烈世子方等传》："武烈世子方等，字实相，元帝长子也。少聪敏，有俊才，善骑射，尤长巧思。……谥忠壮世子。……元帝即位，改谥武烈世子。"数千卷学士：谓读数千卷书之学士。形容人遍览群书，见识渊博。

　　文章地理，必须恰当。梁简文《雁门①太守行》乃云："鹉军攻日逐②，燕骑荡康居③。大宛归善马④，小月送降书⑤。"萧子晖《陇头水》云⑥："天寒陇水急，散漫俱分泻。北注徂黄龙⑦，东流会白马⑧。"此亦明珠之纇⑨，美玉之瑕⑩，宜慎之。

【注释】

①雁门：郡名，属并州，相当于今山西代县一带。以下四句不见于梁简文帝诗中，而为褚翔《雁门太守行》中的诗句，当为颜之推混淆了褚翔《雁门太守行》与简文帝《从军行》两首诗。简文帝《从军行》云："先平小月阵，却灭大宛城。善马还长乐，黄金付水衡。"

②鹅：军阵的一种。《左传·昭公二十一年》记载，"十一月癸未，公子城以晋师至。曹翰胡会晋荀吴、齐苑何忌、卫公子朝救宋。丙戌，与华氏战于赭（zhě）丘。郑翩愿为鹳，其御愿为鹅"。日逐：匈奴王号。《汉书·匈奴传》云："（左贤王）病死，其子先贤掸不得代，更以为日逐王。日逐王者，贱于左贤王。"

③康居：西域国名，西汉时曾臣服于匈奴。

④大宛归善马：据《汉书·西域传》记载，大宛国产汗血宝马，汉武帝曾派遣使者出使大宛，愿以千金购马，大宛不肯，并杀害了汉使。于是汉武帝命二师将军李广利率兵伐宛，大宛人惧，遂杀其王，献马三千四。此后，大宛王与汉廷约定，每年为汉帝国进贡两匹天马。大宛，西域国名，产良马。

⑤小月送降书：《汉书·西域传》载，大月氏（zhī）国为匈奴单于攻破后，一部分人西迁离开故土，打败大夏而定居在他们的土地上；没有西迁的人

则进入南山，与当地的羌人杂居，号小月氏，此后大、小月氏皆受汉廷节度，俯首称臣。此诗当言燕、宋之军，而与西域诸国战事无关，故颜之推以为这首诗在地理考证方面出现了失误。

⑥萧子晖：《梁书·萧子恪传》载"子晖，字景光，子云弟也。少涉猎书史，亦有文才"。《陇头水》：古乐府。郭仲产《秦州记》云：在陇山山巅东望，可以望见几百里亲传。陇山之东的行人登上山顶，眷恋故乡，回首远望，因而歌唱："陇头流水，分离四下。念我行役，飘然旷野。登高远望，涕零双堕。"陇：陇山，即今六盘山，位于汉阳郡陇县，相当于今陕西陇县至甘肃平凉一带。

⑦徂（cú）：往、去。黄龙：黄龙城，位于今辽宁省朝阳市。

⑧白马：赵曦明以为乃汉代之西南夷白马氐（dī），称陇山在西北，黄龙城在北，白马在西南，三地相隔遥远，水系互不相及，故颜之推以为此诗出现地理上的错误。王利器则认为白马为黎阳的白马津。

⑨明珠之颣（lèi）：明珠的缺陷。《淮南子·氾论训》云："夏后氏之璜，不能无考；明月之珠，不能无颣。"颣，丝上的疙瘩。瑕疵、缺点。

⑩美玉之瑕：美玉的瑕疵。《淮南子·说林训》："若珠之有颣，玉之有瑕，置之而全，去之

217

而亏。"

　　王籍^①《入若耶溪》诗云："蝉噪林逾静，鸟鸣山更幽。"江南以为文外断绝^②，物无异议^③。简文吟咏，不能忘之，孝元讽味^④，以为不可复得，至《怀旧志》载于《籍传》。范阳卢询祖^⑤，邺下才俊，乃言："此不成语，何事于能^⑥？"魏收亦然^⑦其论。《诗》云："萧萧马鸣，悠悠旆旌^⑧。"毛《传》曰："言不喧哗也。"吾每叹此解有情致，籍诗生于此耳。

　　【注释】

　　①王籍：《梁书·文学传》载"王籍，字文海，琅琊临沂人。……籍七岁能属文，及长，好学博涉，有才气，乐安任昉见而称之。尝于沈约坐赋得《咏烛》，甚为约赏"。

　　②文外断绝：在诗句中无与伦比，没有什么能够超越这两句诗的了。

　　③物无异议：没有人可以提出反对意见。

　　④讽味：吟咏玩味。

　　⑤范阳：郡名，相当于今北京、天津、河北保定一带。卢询祖：《北齐书·卢文伟传附卢询祖传》

载"询祖袭爵大夏男，有术学，文章华靡，为后生之俊"。

⑥何事于能：怎么能说他是有才华呢？《论语·雍也》："何事于仁？必也圣乎！"

⑦然：赞同。

⑧萧萧马鸣，悠悠旆旌：见《诗·小雅·车攻》。

兰陵萧悫①，梁室上黄侯②之子，工于篇什。尝有《秋诗》③云："芙蓉露下落，杨柳月中疏。"时人未之赏也。吾爱其萧散④，宛然在目。颖川荀仲举⑤、琅琊诸葛汉⑥，亦以为尔。而卢思道⑦之徒，雅所不惬⑧。

【注释】

①兰陵：故址在今山东省峄县。萧悫（què）：《北齐书·文苑传》载"萧悫，字仁祖，梁上黄侯晔（yè）之子。……工于诗咏。悫曾秋夜赋诗，其两句云：'芙蓉露下落，杨柳月中疏。'为知音所赏"。

②上黄侯：萧晔。《南史·始兴忠武王憺（dàn）传附萧晔传》："暎（yìng）弟晔，字通明，美姿容，善谈吐。……改封上黄侯，位兼宗正卿。"

③《秋诗》：当作《秋思诗》，诗云"清波收潦

（lǎo）日，华林鸣籁初。芙蓉露下落，杨柳月中疏。燕帏（wéi）缃（xiāng）绮被，赵带流黄裾（jū）。相思阻音息，结梦感离居"。

④萧散：形容诗歌意境空远。

⑤颍（yǐng）川：郡名，以颍水得名，位于今河南省中西部一带。荀仲举：《北齐书·文苑传》载"荀仲举，字士高，颍川人"。

⑥琅琊：郡名，治所位于今山东省临沂市。诸葛汉：《北史·文苑传》载"诸葛颍，字汉，丹杨建康人也。……习《易》《图纬》《苍》《雅》《庄》《老》，颇得其要，清辩有俊才"。

⑦卢思道：《北史·卢玄传附卢思道传》载"思道字子行，聪爽俊辩，通侻（tuō）不羁。……尝于蓟（jì）北，怅然感慨，为五言诗见意，世以为工"。

⑧不惬：不称心。

何逊诗实为清巧①，多形似②之言；扬都论者，恨其每病苦辛，饶贫寒气，不及刘孝绰之雍容③也。虽然，刘甚忌之，平生诵何诗，常云："'辇车响北阙④'，懵懵⑤不道车。"又撰《诗苑》⑥，止取何两篇，时人讥其不广。刘孝绰当时既有重名，无所与让；唯服谢朓，常以谢诗置几案间，动静辄讽味。简文爱陶渊明⑦文，亦复如此。江南语曰："梁有三何，子朗最多。"三何者，逊及思澄、子朗也⑧。子朗信饶清巧。思澄游庐山⑨，每有佳篇，亦为冠绝⑩。

【注释】

①何逊：《梁书·文学传》载"何逊，字仲言，东海郯人也。……逊八岁能赋诗，弱冠州举秀才。南乡范云见其对策，大相称赏，因结忘年交好"。

②形似：即形象，谓描绘物态生动具体。

③雍容：闲和华贵。

④蘧（qú）车响北阙：何逊《早朝车中听望诗》"蘧车响北阙，郑履入南宫"。这句诗运用了蘧伯玉的典故，据《列女传》记载：卫灵公与夫人夜坐，听闻有辚辚车声，车声到阙门附近便消失了，直到过了阙门才又逐渐响起。卫灵公问夫人是否知道这是谁的车马。夫人回答说：一定是蘧伯玉了。蘧伯玉是一个遵守礼法的人，因此在经过阙门的时候，一定会令车马缓步慢行来表示敬意，所以车声在经过阙门的时候才会消失。卫灵公派人去查看，方才经过阙门的果然是蘧伯玉。

⑤懂（huò）懂：乖戾。

⑥《诗苑》：《隋书·经籍志》并未著录刘孝

绰《诗苑》，可见该书至隋唐时已经亡佚。根据其书名及相似书名之《文苑》内容可以推知，刘孝绰《诗苑》当为收集汉以来诸家诗歌的总集类作品。

⑦陶渊明：《晋书·隐逸传》载"陶潜，字元亮，大司马侃之曾孙也。……潜少怀高尚，博学善属文，颖脱不羁，任真自得，为乡邻之所贵"。

⑧思澄：何思澄。《梁书·文学传》："何思澄，字元静，东海郯人。"子朗：何子朗。《梁书·文学传》："初，思澄与宗人逊及子朗俱擅文名，时人语曰：'东海三何，子朗最多。'……子朗字世明，早有才思，工清言，周舍每与共谈，服其精理。"

⑨思澄游庐山：《梁书·文学传》载"（何思澄）迁南安成王行参军兼记室，随府江州，为《游庐山诗》，沈约见之，大相称赏，自以为弗逮"。

⑩冠绝：出类拔萃，远超时辈。

【评析】

《颜氏家训·文章》是一篇文学批评领域的佳作。颜之推以清醒的目光审视了魏晋南北朝文坛中流行的作家作品，由于时代的原因，一些观点并不适用于今日——如文章源出《五经》之说，但其中的绝大部分内容，仍然值得现代人学习与反思。

首先，颜之推就文品与人品的问题提出了自己的看法，认为"自古文人，多陷轻薄"，导致这种现象的原因在颜之推看来，是"文章之体，标举兴会，发引性灵，使人矜伐，故忽于持操，果于进取"。文章的本质，就是要抒发性情，这是魏晋南北朝时期对于文学本质的主流看法；但是颜之推在此基础上更进一步，认为这便导致了文士恃才傲物，互相之间攀比竞技。甚至泛滥、不节制的情感流动会令人忽视操守，使他们遭受祸患。人品与文品的问题历来受到文学批评者们的重视，如刘勰撰作《文心雕龙·程器》，就提出人无完人，无论是文人还是将相多少都会拥有缺点。而文人们遭受批评，并非他们的污点更加严重，而只是因为位卑名微，才屡屡遭到人们的讥诮。除此之外，还有一个问题值得大家思考。古人往往认为人品与文品是一致的，可以通过文学作品来反推作者的修行涵养、志趣秉性。但是，有些文士作品中表现出的操守却与他们的实际行动并不相符。例如西晋时期的潘岳，曾写作著名的《闲居赋》，表现自己希望归隐园宅、清心寡欲的人生追求。但是颜之推却敏锐地指出"潘岳干没取危"，发现了他在现实中是一个汲汲于功名利禄的人，那么后世的读者还能够凭借文章来推求作者的真实人格吗？

其次，颜之推表现出自己对抒写性灵、风格清丽的作品的喜好。这种作品是南朝批评家们的主流好尚，如钟嵘、刘勰、沈约、萧子显等人，都在自己的批评作品中对一味掉书袋、骋才竞技的作品进行了批评。钟嵘《视频序》称："夫属词比事，乃为通谈。若乃经国文符，应资博古；撰德驳奏，宜穷往烈。至乎吟咏情性，亦何贵于用事？"又云："近任昉、王元长等，词不贵奇，竞须新事。尔来作者，寖（jìn）以成俗。遂乃句无虚语，语无虚字，拘挛（luán）补衲（nà），蠹（dù）文已甚。"一味堆砌典故会令文章失去滋味，从而违背了抒写性灵的本质，这点对我们今天的写作，也是大有裨益的。

最后，颜之推还对一些具体的文士及其作品进行了评价。如从地理写实的角度批评了简文帝与萧子晖的乐府诗作，从混淆名物的角度对潘岳、陆机等人的作品进行了指摘。但是，这些批评一定程度上将文学作品当作了完全写实的作品，而忽视了夸张、互文等艺术手法的运用。因此，对待颜之推的这篇文章，我们也应该以辩证的、文学的眼光去看待，不能尽信其说。

名实第十

　　名之与实，犹形之与影也。德艺周厚①，则名必善焉；容色姝丽，则影必美焉。今不修身②而求令名于世者，犹貌甚恶而责妍③影于镜也。上士忘名，中士立名，下士窃名。忘名者，体道合德，享鬼神之福佑，非所以求名也；立名者，修身慎行，惧荣观④之不显，非所以让名也；窃名者，厚貌深奸⑤，干⑥浮华之虚称，非所以得名也。

【注释】

①德艺周厚：德行文艺周洽笃厚。

②修身：修养身心。古人以修身为成就大业的第一步，《礼记·大学》："古之欲明明德于天下者，先治其国；欲治其国者，先齐其家；欲齐其家者，先修其身；欲修其身者，先正其心；欲正其心者，先诚其意；欲诚其意者，先致其知；致知在格物。物格而后知致，知致而后意诚，意诚而后心正，心正而后身修，身修而后家齐，家齐而后国治，国治而后天下平。自天子以至于庶人，一是皆以修身为本。"

③责：要求。妍：美丽。

④荣观：荣名、荣誉。《老子》："虽有荣观，

燕处超然。"

⑤厚貌深奸：外貌看似笃厚，内心包藏奸伪。《庄子·列御寇》："人者厚貌深情，故有貌愿而益，有长若不肖。"

⑥干：追求。

　　人足所履，不过数寸，然而咫尺之途，必颠蹶①于崖岸，拱把②之梁，每沈溺于川谷者，何哉？ 为其旁无余地故也③。君子之立己，抑亦如之。至诚之言，人未能信，至洁之行，物或致疑，皆由言行声名，无余地也。吾每为人所毁，常以此自责。若能开方轨④之路，广造舟⑤之航，则仲由之言信⑥，重于登坛之盟⑦，赵憙之降城⑧，贤于折冲之将矣。

【注释】

①颠蹶（jué）：跌倒、跌落。蹶，同"蹷"，跌倒。

②拱把：独木桥。两手所围曰拱，双手所握曰把。《孟子·告子上》："拱把之桐梓。"

③为其旁无余地故也：《庄子·外物》载"夫地非不广且大也，人之所用容足耳，然则厕足而垫之致

黄泉，人尚有用乎？"

④方轨：两车并行。

⑤造舟：在船上架起木板，搭建浮桥。《诗·大雅·大明》："造舟为梁。"

⑥仲由：即子路，孔子弟子。言信：言而有信。

⑦登坛之盟：指子路言必信、行必果，广为人知。《左传·哀公十四年》记载：小邾（zhū）国一位名叫射的大夫从句绎来投奔鲁国，说："如果是子路来邀请我，我就不需要和鲁国签订什么盟约。"鲁国派子路去接见射，子路拒绝了。鲁国的大夫季康子派冉有去询问子路："射不信任我们堂堂大国的承诺，反而相信您的话，您有什么感到屈辱而拒绝此事的呢？"子路回答说："如果鲁国与小邾发生战争，臣不敢询问因果曲直，战死城下便足以。如今射背弃小邾而来投奔鲁国，是不守臣道，如果我答应了他，就相当于认为他的作法是正义的了，所以我不能答应。"登坛，古时进行会盟、祭祀等仪式时，需要设置土坛，升降揖让，表示尊敬。

⑧赵熹之降城：指赵熹为人忠信，受人信任。《后汉书·赵熹传》记载：更始帝刘玄即位后，舞阴大姓李氏拥城不降。更始帝派遣柱天将军李宝去招降他们，舞阴李氏不肯，说："我听闻宛之赵氏有孤孙名叫赵熹，为人有信，如果赵熹来招降，我们就投降于他。"于是更始帝召见了赵熹，给予他官职，并命

227

令他到舞阴去。赵熹到来后，李氏果然就投降了。

吾见世人，清名登而金贝①入，信誉显而然诺②亏，不知后之矛戟，毁前之干橹③也。虑子贱④云："诚于此者形于彼⑤。"人之虚实真伪在乎心，无不见乎迹，但察之未熟⑥耳。一为察之所鉴，巧伪不如拙诚⑦，承之以羞大矣⑧。伯石让卿⑨，王莽辞政⑩，当于尔时，自以巧密；后人书之，留传万代，可为骨寒毛竖也。近有大贵，以孝著声，前后居丧，哀毁踰制⑪，亦足以高于人矣。而尝于苫块⑫之中，以巴豆⑬涂脸，遂使成疮，表哭泣之过。左右童竖⑭，不能掩之，益使外人谓其居处饮食，皆为不信。以一伪丧百诚者，乃贪名不已故也。

【注释】

①金贝：金钱、货币。

②然诺：许诺。

③干橹：大、小盾牌。颜之推这里运用了"矛盾"的典故，以清名为无坚不摧之矛，以钱财为坚不可摧之盾，二者之名不可共存。

228

④宓（fú）子贱：《孔子家语·弟子解》载"宓（fú）不齐，鲁人，字子贱"。

⑤诚于此者形于彼：内心诚恳，便会自然而然地流露于外，影响他人。《淮南子·道应训》记载：宓不齐治理亶父三年，巫马期乔装改扮，前去考察宓不齐的治理情况。遇到一位渔夫，将钓起的鱼重新放回了河里。巫马期不解其故，渔夫回答说："因为宓不齐不希望我们对小鱼赶尽杀绝，所以钓到小鱼就放回到河中。"巫马期回报孔子说："宓不齐真是拥有至德啊！人们服从他的管理，就好像是被严刑峻法逼迫一样。他是怎么做到的呢？"孔子回答说："我曾经向宓不齐询问治国理政的方法，他告诉我，只要做到内心诚恳，坚守道德，就一定能够影响、教化民众。"

⑥熟：仔细。

⑦巧伪不如拙诚：《韩非子·说林上》载"故曰巧诈不如拙诚"。

⑧承之以羞大矣：受到莫大的羞辱。《易·恒》："九三，不恒其德，或承之羞。"

⑨伯石让卿：《左传·襄公三十年》记载，伯有死后，郑国国君派太史命伯石继任，伯石再三推让而拒绝了。太史走后，伯石却立刻请求国君命自己为卿，太史复至，伯石却又拒绝了。如此反复了三次，伯石才接受了任命。

⑩王莽辞政：《汉书·王莽传》记载，汉成帝

229

时，王根举荐王莽代替自己为大司马；后哀帝立，王莽主动请求退职，却又暗中遣丞相孔光去对太后提议，让自己复职理事。傅太后听闻后十分生气，于是王莽再一次请求辞退职位。伯石与王莽皆虚伪之人，表面上淡泊名利，推让高官厚禄，实际上只是沽名钓誉而已，因此为颜之推所不齿。

⑪哀毁瑜（yú）制：为亲人居丧，哀伤痛苦到损害身体，超过了礼制的规定。瑜，同"逾"，超过。

⑫苫（shān）块：草垫与土块。《礼记·问丧》："寝苫枕块，哀亲之在土地也。"

⑬巴豆：产于巴郡的一种有毒的植物，外用不当会令人皮肤生疮。

⑭童竖：未成年的仆从。

有一士族，读书不过二三百卷，天才①钝拙，而家世殷厚，雅②自矜持，多以酒犊③珍玩，交诸名士，甘其饵④者，递共吹嘘。朝廷以为文华⑤，亦尝出境聘⑥。东莱王韩晋明⑦笃好文学，疑彼制作，多非机杼⑧，遂设谎言⑨，面相讨试。竟日欢谐，辞人满席，属音赋韵⑩，命笔为诗，彼造次⑪即成，了非向韵⑫。众客各自沈吟，遂无觉者。韩退叹曰："果如所量！"韩又尝问曰：

"玉珽杼上终葵首⑬，当作何形？"乃答云："珽头曲圜⑭，势如葵叶⑮耳。"韩既有学，忍笑为吾说之。

【注释】

①天才：天资，天赋的才能。

②雅：向来、素来。

③酒犊：酒与牛。

④饵：利诱，指上文提及的"酒犊珍玩"等物。

⑤文华：文采。

⑥聘：聘问，国家之间出使访问。

⑦东莱王韩晋明：《北齐书·韩轨传》载"子晋明嗣，天统中，改封东莱王。晋明有侠气，诸勋贵子孙中最留心学问，好酒诞纵，招引宾客，一席之费，动至万钱，犹恨俭率"。

⑧机杼（zhù）：织布机，这里以织布比喻诗文的构思。陆机《文赋》："虽杼轴于予怀，怵他人之我先。"

⑨谦言：宴饮交谈。

⑩属（zhǔ）音赋韵：作诗联句。属，连缀、连接。

⑪造次：急遽、仓促。《论语·里仁》："造次必于是，颠沛必于是。"

⑫了非向韵：全然不似他以往作品的神韵。了，完全。向，以前的。韵，神韵、风韵、韵味。

⑬玉珽（tǐng）杼上终葵首：将玉笏（hù）顶端六寸以下部位削薄，使顶部形成方形的椎头。《周礼·考工记·玉人》："大圭长三尺，杼上，终葵首。天子服之。"玉珽，玉笏，君王上朝时所持的玉制手板。杼，削薄、削减。终葵，齐人称椎头为终葵。

⑭曲圜（yuán）：弯曲圆转。圜，同"圆"。

⑮葵叶：终葵的圆叶。颜之推所提到的这位沽名钓誉的士族，不知道齐人称椎头为终葵，仅从字面推敲，认为这里指玉珽顶端的形状像终葵草的叶片一样，因此可知他学识不精，并非真名士。

治点①子弟文章，以为声价②，大弊事也。一则不可常继，终露其情；二则学者有凭，益不精励③。

【注释】

①治点：修改润色。

②声价：名声与价值。《世说新语·文学》："庾仲初作《扬都赋》成，以呈庾亮，亮以亲族之

怀，大为其名价，云可三《二京》，四《三都》。于此人人竞写，都下纸为之贵。"

③精励：精进勉励。

邺下有一少年，出为襄国[①]令，颇自勉笃。公事经怀[②]，每加抚恤[③]，以求声誉。凡遣兵役，握手送离，或齎梨枣饼饵[④]，人人赠别，云："上命相烦[⑤]，情所不忍；道路饥渴，以此见思。"民庶称之，不容于口[⑥]。及迁为泗州[⑦]别驾，此费日广，不可常周，一有伪情，触涂难继，功绩遂损败矣。

【注释】

①襄国：属北广平郡，其位置大概在今河北省邢台市西南。

②经怀：经心。

③抚恤：安抚救济。

④齎（jī）：同"赍（jī）"，把东西送给他人。

⑤烦：烦劳。

⑥不容于口：不绝于口。

⑦泗州：汉为下邳郡，后魏置南徐州，后周改为泗州，治所在今江苏省宿迁市。别驾：职官名，为各

州刺史的佐官，总理州郡诸事务，因出巡时与刺史乘坐不同专车，故称别驾。

　　或问曰："夫神灭形消，遗声余价，亦犹蝉壳蛇皮①，兽远鸟迹②耳，何预③于死者，而圣人以为名教④乎？"对曰："劝也，劝其立名，则获其实。且劝一伯夷，而千万人立清风矣；劝一季札⑤，而千万人立仁风矣；劝一柳下惠⑥，而千万人立贞风矣；劝一史鱼⑦，而千万人立直风矣。故圣人欲其鱼鳞凤翼⑧，杂沓参差⑨，不绝于世，岂不弘哉？四海悠悠⑩，皆慕名者，盖因⑪其情而致其善耳。抑又论之，祖考之嘉名美誉，亦子孙之冕服⑫墙宇也，自古及今，获其庇荫者亦众矣。夫修善立名者，亦犹筑室树果，生则获其利，死则遗其泽。世之汲汲⑬者，不达此意，若其与魂爽⑭俱升，松柏偕茂⑮者，惑矣哉！"

【注释】

①蝉壳（qiào）蛇皮：蝉羽化后留下的外壳，蛇蜕掉的皮。《淮南子·精神训》："抱素守精，蝉蜕

蛇解。"

②兽迒（háng）鸟迹：鸟兽经过留下的痕迹。迒，兽迹。

③预：干预、影响。

④名教：古时儒家强调的以"正名"为核心的封建礼教。儒家追求名教，要求循名责实，以此规范人们的行为；道家与此相反，追求自然，要求跳出名教的束缚，回归本真，任性逍遥。

⑤季札：春秋时期吴国公子。《史记·吴太伯世家》记载：吴王诸樊、余祭多次让国于季札，季札均推辞不受。曾出使各国，游说各国权臣、君主以礼治国，奉行仁义，为儒家士人心目中的理想仁人之一。

⑥柳下惠：春秋时期鲁国大夫。《孟子·公孙丑上》载：柳下惠为人守礼，进退不失其节。不认为侍奉无道的君主是令人蒙羞的事情，不把任卑微的官职当作耻辱。受到重用时竭心尽力，毫不吝惜自己的才能；即使不被任用或处于穷困的境地，也依然坚守本心，毫无怨恨。与出身低微的乡人相处，他也高兴得不忍离去，认为即使二人相处得久，自己也不会沾染乡人粗鄙的习气。因此，听闻柳下惠行事风貌的人，受到他的影响，都会变得敦厚、宽仁。

⑦史鱼：春秋时期卫国大夫，曾多次直言劝谏卫灵公重用贤人蘧伯玉，远离奸佞弥子瑕。卫灵公不听，史鱼去世前，就叮嘱自己的儿子将他的尸体放在

窗下，说这是因为我生前没能扶正君王的行为，死后也不配以礼安葬。卫灵公前来吊丧时得知了前因后果，认识到史鱼的苦心，从而改正了自己的错误，才做到了亲贤臣远小人。《论语·卫灵公》："子曰：'直哉史鱼，邦有道如矢，邦无道如矢。'"

⑧鱼鳞凤翼：形容数量之多。《史记·淮阴侯列传》："天下初发难也，俊雄豪杰建号一呼，天下之士云合雾集，鱼鳞褋（zá）遝（tà），嫖（biāo）至风起。"

⑨杂沓：纷杂繁多。参差：纷纭繁杂。

⑩悠悠：多。

⑪因：顺应。

⑫冕（miǎn）服：古代大夫以上祭祀时穿戴的礼冠与衣服。

⑬汲汲：急迫、努力的样子。这里指急功近利。

⑭魂爽：魂魄、精神。《左传·昭公二十五年》："心之精爽，是谓魂魄，魂魄去之，何以能久？"

⑮松柏偕茂：《诗·小雅·天保》载"如松柏之茂"。

【评析】

《论语·子路》中记载了这样一则故事，子路询问孔子：卫国的国君希望由您帮助他治理国家，您决定要以何事为先呢？孔子以"必也正名乎"回答了子路，并向他解释道："名不正，则言不顺；言不顺，则事不成；事不成，则礼乐不兴；礼乐不兴，则刑罚不中；刑罚不中，则民无所措手足。故君子名之必可言也，言之必可行也。君子于其言，无所苟而已矣。"正名也因此被视作儒家思想的核心要义之一。在孔子看来，"名"与"政"紧密联系在一起，"名"的背后是体大精深的儒家经典《周礼》。因此，只有循名责实，以周礼规范现实，才能纠正当时混乱的社会秩序和政治局面。

孔子之后，同为儒家巨擘的荀子也相当重视名实关系，其《正名》一篇详细论述了"名"的内涵、重要性与如何界定"名"与"名"之间的同异。荀子说："故王者之制名，名定而实辨，道行而志通，则慎率民而一焉。"在荀子看来，"名"在一定程度上具有本质性的意义，只有制定出不同的名，才能以此为基础，对各种各样的事物、行为进行区分，从而为社会制定准则。

名实关系为历代儒家士人所重视，循名责实也成为考察官员的一个重要方法。但是，自九品中正制盛行以后，为了跻身上流社会，越来越多的世家子弟凭借家世、金钱、权力，从负责品评人物、举荐官员的地方中正口中得到了并不符合实际的虚名。德不配位之人进入官员体系，步步高升，而那些真正拥有抱负、才华的人却陆沉于野，难怪左思在《咏史》中发出了"世胄蹑高位，英俊沉下僚。地势使之然，由来非一朝"的感慨。

《颜氏家训·名实》一篇就是在这样的社会背景下诞生的，颜之推敏锐地注意到这样的风气对社会的负面影响，从而告诫子孙，虚名不可常继，只有做到言行一致、名实相符，才能真正立身行己，社会才能有序运行。